科普知识大百科·生活百科卷

生活休闲

本书编委会 编

中国书籍出版社
China Book Press

《科普知识大百科·生活百科卷》编审委员会

本书编委会

序

科学普及和科技创新，犹如“车之两轮，鸟之双翼”，两者相互促进，相互影响，缺一不可。习近平总书记强调，科学普及的重要性不亚于科技创新，要把抓科普工作与抓科技创新放在同等重要的位置。据中国科协组织的公民科学素质调查显示，我国具备基本科学素质公民的比例从2005年的1.60%提高到了2010年的3.27%。2013年12省市抽样调查结果显示，我国公民的科学素质整体水平达到了4.48%，2015年全国水平将超过5%。“十三五”全民科学素质工作的主要目标就是实现2020年我国公民具备基本科学素质的比例达到10%，为实施创新驱动发展战略、全面建成小康社会提供有力支撑，要实现这一目标，科普工作依然任重道远。

科协是科普工作的主要社会力量，在公民科学素质建设中发挥着牵头引领作用。多年以来，濮阳市科协积极履行科普职责，丰富科普内容，创新科普手段，广泛开展群众性、社会性、经常性科普活动，打造了基层科普行动计划、龙都科普大讲堂、8800110科技服务热线等品牌科普活动，树立了科协组织鲜明的社会形象。《科普知识大百科——生活百科卷》

是濮阳市科协拓展和深化科普工作的一项最新成果，将在科学与公众之间搭起一座桥梁，让科技知识与广大公众的生活更加密切地结合起来。

《科普知识大百科——生活百科卷》包括生活休闲、居家常识、交通出行、应急避险、健康饮食、育儿百科等6个分册，分层次详细介绍了各领域常见问题，提出了有针对性的应对办法。该丛书非常注重受众需求，采用了方便携带的口袋书形式，内容注重与公众关注的热点结合，语言幽默风趣、通俗易懂，融知识性、趣味性和可读性为一体，为公众科学健康生活提供了有益的参考。

值此《科普知识大百科——生活百科卷》面试之际，谨向濮阳市科协表示祝贺！相信该书的出版发行，将为濮阳市科协科普工作谱写新的篇章，为提供公民科学素质注入新的动力。希望濮阳市科协一如既往，再接再厉，为推动新时期河南科普工作创新发展作出更大贡献！

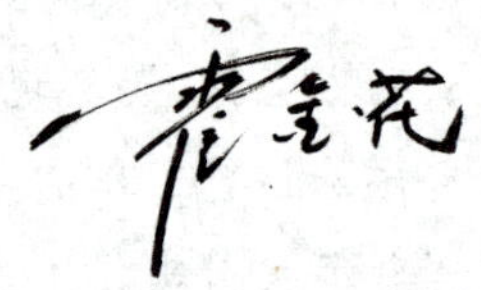

2015年8月

目 录

第一章　花卉种植一点通

第二章 萌宠饲养与调教

第三章　品茶乐无限

第四章 美容护肤小妙招

第五章　健康运动小贴士

第六章 摄影旅游小窍门

第一章　花卉种植一点通

1 哪些花草不适合养在室内？

我们都知道花草不仅可以装点居室使之更有活力，还是应对雾霾等空气污染的好帮手，但是，并不是所有的花都适合养在室内。

首先，太香的花在室内不要养。因为有些花的香气（如：夜来香）对人的健康不利，长期摆放在室内会引发头晕、咳嗽，甚至气喘、烦闷、失眠等问题，有的花（如：郁金香）里含有毒碱，人和动物在这种香气中呆上2～3小时，就会头昏脑胀，出现中毒症状，严重者还会毛发脱落；牡丹、玫瑰、水仙、百合等长期摆在室内，都会让人感到胸闷不适、呼吸不畅，还可能导致失眠。

其次，还有一些花容易让人过敏。如一品红的茎叶中的

白色汁液会刺激皮肤，引起过敏反应；玉丁香、洋绣球等花都有致敏性，有时候触碰它们也会引起皮肤过敏，出现红疹，奇痒难忍；还有一些花是带毒的，比如黄色、白色的杜鹃花含有毒素，误食会导致中毒、呕吐、呼吸困难、四肢麻木等，严重的会导致休克；含羞草中含有的含羞草碱，如果接触过多，会引起眉毛稀疏、头发变黄甚至脱落；夹竹桃的茎、叶乃至花都有毒，它的气味还会使人昏昏欲睡，智力下降。

最后，如果家里有老人孩子，像仙人球这种表面是刺儿的花最好不要养。那些密布的刺儿容易伤害到老人或者孩子，如果要养，最好放到孩子不能触碰到的地方或者用透气玻璃罩将其罩起来。

2 冬天养花有什么注意事项？

冬季天气寒冷，对于一些比较脆弱的花来说，要使它们安全度过严冬，需要注意一些事项。

首先，冬季养花一定要把花放到阳光好的地方，保证每天有 3 个小时以上的光照时间，这样来年花卉才能继续茁壮地成长，开出更多漂亮的花。即使没有叶子的木本花卉，也要见阳光，因此，不能将花卉长期放在阴暗的地方。

其次，放置花卉的环境不能太干燥。

特别是北方，冬天更是如此，空气湿度过低会影响花卉的生长。要求空气相对湿度不低于80%的花卉有：山茶、杜鹃、安祖花、兰花、吊兰、文竹、虎耳草等。需要空气相对湿度达到60%的花卉有：白兰、扶桑、吊金钟、仙客来、茉莉、橡皮树、龟背竹、米兰、含笑、海桐、仙人掌类等。湿度不足时，可采用喷水的方法来解决。

再次，室内的温度不能过高。许多花卉到了冬天进入休眠和半休眠状态，需要静养和充分休息。不管是在居室内还是在阳台上，都应该把温度控制在4～8℃之间（需要休眠的花卉），不要超过10℃。温度一高，花卉就有生理活动了，就会把积蓄下来的能量浪费了，对来年的生长很不利。这一类花卉有米兰、栀子、茉莉、橘子、梅花、金银花、迎春花、春兰、蕙兰等。

最后，肥、水不能太多。花卉到了休眠期，一切生理活动基本停止，需要的水和肥很少，只要能够维持生命就可以了，凡是冬眠的花卉，冬季是不需要施肥的。施肥不仅会造成浪费，而且会伤害花卉的根系。

3　盆栽竹子怎么养？

竹子四季常青，挺拔秀丽，又有“君子”的美誉，因此盆栽竹子的种植还是比较普遍的。

盆栽竹子种植的关键是要保证充足的水分。竹子喜湿，怕积水。因此盆栽竹子水要勤浇，保持盆里的土壤湿润，当然也不可以多浇水，因为同大多数植物一样，浇水过多会导致竹子根部腐烂。在浇水时最好用喷壶向叶子喷水，因为如果叶子缺水，竹叶会卷曲。夏天平均一天到两天浇一次水，冬天则要少浇水，但也要保持盆土湿润，以防“干冻”。

盆栽竹子的肥料主要以装盆种植时拌在土中的有机肥为主，在竹子的生长过程中，也要适当追肥，在春夏季节时可以水施复合肥。盆栽竹子容易得竹蚜虫等虫害，可以用杀虫剂喷洒，同时还容易得丛枝病等病害，应该加强管理，及时修剪病株。

竹子喜湿，所以炎热的夏天，应该把盆栽移至阴凉处，避免烈日暴晒，同时要多向竹叶喷水，保持竹叶翠绿。冬天要将竹子移放到背风向阳处或者室内。农历雨水前后至夏至前是种植竹子盆栽的最佳季节。文竹、富贵竹、罗汉竹、黄金竹等是比较常见且成活率高的竹子种类，经常被放置在办公室，一些大型的盆栽竹子常被用作装饰，摆放在门口。

还有一点需要注意的是竹子喜酸性、微酸性或中性土壤，以 PH4.5 ~ 7.0 为宜，忌黏重、碱性土壤。北方土壤碱性强，可加入0.2%的硫酸亚铁。盆土最好为疏松肥沃、排水良好的沙质壤土，可用农田土拌红黄壤、腐殖土与细沙。

4　常见的几种花卉死亡原因有哪些？

花卉死亡的原因很多，常见的几种原因主要有：

（1）光照不适宜。喜阴或者喜半阴的花，常常因为日光照射过度，造成叶片灼伤卷曲，最后脱落死亡。救治的主要方法是马上把花移放到阴凉通风处。喜阳光照射的花如果长期处于阴暗环境，光照不足，会因为缺少叶绿素而死亡。救治的方法是把花放到光照充足的通风处。

（2）盆土盐分过大或者霉变。盆土盐分过大，盆土表面有一层白霜就是盐，盐产生的原因是：土质偏碱，而有的花喜欢酸性肥，当施酸性肥后，酸碱中和就产生了盐。救治的方法主要是把返盐的浮土清除或者换土。盆土霉变是由于温度过高造成通风透气不好，较长时间没换土，特别是瓷盆更容易发生霉变。救治的方法是：瓷盆最好一年一换土；泥盆可以两年换一次土，换土的时候注意不要伤害到根。

（3）施肥过多。施肥过多会把花烧死。施肥之初花突然猛长之后，叶子枯萎脱落，不能进行光合作

用，枝干就会死亡。救治的方法是盆土多浇清水来冲淡肥的浓度，或者是马上换新土。

（4）浇水太多或太少。如果花土排水不好，浇水过多，会造成积水烂根，叶黄脱落，枝干死亡，特别是肉质花卉。如果长时间不浇水，盆土把花根水分吸干，就会造成枝干脱落死亡，因此浇水要适量。可以用一个大盆装上半盆水，把花盆放到里面，四五个小时搬出来就可以了。不要以为经常浇水就不会缺水，因为有的时候浇水只浇到了表面一层，盆土里面的土还是干的，所以还是会因为干旱而死亡。

5 养花土壤如何消毒？

土壤是花卉种植的根本，花卉从土壤中吸收生长所需要的水分和养分，如果土壤中有病害细菌，那么后果可想而知，在选择花卉种植土壤的过程中，如果不从土壤消毒上开始注意，不对各种病害加以控制消除，会对花卉的生长和开花造成严重的影响，降低花卉的成活率，影响花卉开花的质量和数量，甚至造成花卉死亡。因此，必须给花卉种植的土壤进行消毒。

如果在夏季对花卉土壤进行消毒，要将花盆里的土壤放在地上薄薄地摊开，在烈日下暴晒两三天。一般的盆栽花卉都可以使用这一方法。这种方法也是最常用最普遍的方法，可以杀死旧的土壤中的病虫、害虫以及虫卵。

还有一种方法就是对花卉土壤进行加热消毒。将要消毒的土壤放在容器中，用微波炉加热消毒，或者放入高压锅或一般的铁锅内，蒸煮半个小时就可以了。这种消毒方法适合花卉插迁、播种等时候使用，这种消毒的方法比较严格，适合对土壤要求较高的花卉。

最后，如果以上的方法解决不了问题，就要借助药物进行消毒。将 84 消毒液在水中进行稀释，浓度控制在 2% ~ 3% 。将稀释过的药水倒入喷雾器中，一边往土壤里喷洒，一边翻动土壤。或者在土壤中均匀地洒上 40% 的福尔马林溶液，盖上塑料袋密封，放置两天后，就能使用了。这种方法比加热消毒法操作起来难度要大一些。

6 如何选择养花的土壤?

土壤对花卉的生长起着至关重要的作用，各类花卉对土壤也有不同的要求。

露地花卉：这类花卉多为一、两年生花卉，适合排水较好的砂质土壤，重黏土及过度疏松的土壤中容易生长不良。宿根花卉的根系比一、两年生花卉强大，入土较深。因此，在种植的时候土壤中应该施加足量的有机质肥料，以保证长期良好的土壤结

构。球根花卉对土壤的要求更为严格,以富含腐殖质且排水良好的砂质土壤为最好。

温室花卉:温室一、两年生花卉,所用的培养土中应含有较多的腐殖质。宿根类对腐叶土的需求量较少。温室球根花卉所需要的培养土腐叶含量较多。

温室木本花卉所用培养土在种苗和插迁苗期间要求有较多的腐殖质。当然,花卉的生长与土壤的酸碱度也有一定的关系。因为现在我们所种植的很多花卉,它们来自世界各地,所以对土壤酸碱度的要求差别很大,但是大多数露地花卉多要求近中性的土壤,只有极少数的花卉可以适应酸性或者碱性的土壤。

同时花卉还对土壤的干湿程度有一定的要求,比如原产于沙漠地区或者高山地区的观赏植物,如仙人掌、龙舌兰、昙花等都喜干旱的土壤;也有一些花卉生长过程中要求土壤一直保持一定的湿度;还有水仙、蜈蚣仙等植物是喜较高湿度的花卉;还有不需要土壤的水生植物。现在,随着科技的发展也出现了无土栽培技术,花卉对土壤的依赖程度已经有所减小。

总的来说,养植花卉一方面要求土壤养分尽量全面,在有限的盆土里要有花卉生长发育所需要的营养物质;另一方面要求土壤结构要疏松,持水能力要强,酸碱度要合适,保肥性要好。

7 如何给花卉浇水？

我们知道花卉浇水过多，水分填满了土壤间隙，土壤中的空气就会被水代替，这样的话外部空气也不能进入，就会造成土壤缺氧，花卉根系的呼吸作用就会受到阻碍，生理功能随之降低，根系吸水、吸肥能力也会受阻。同时由于土壤缺乏氧气，土壤中具有分解有机物功能的好气性细菌就会大量繁殖和活动，从而增加土壤的酸度。

丁酸菌等酸性病菌的大肆活动，产生硫化氢，硫化氨等一系列有毒物质，将会直接毒害根系。与此同时，由于缺氧植株大量地消耗了体内可溶性糖而过多地积累了酒精等物质，导致光合作用大大降低，最后使花卉因饥饿而死亡。

因此，培育花卉时浇水要注意适量、适时。例如冬季，当花卉进入冬眠期时，就要减少对花卉的浇水。适时不仅是指季节适当，还要时间适当，中午 12 点浇花肯定是不合适的。上午土壤的温度比较低，是比较适合浇水的，而傍晚时分也可适当浇水。

浇花的水用平时家里用的水就行，但是最好是晒几天，因为晒水可以使水和氯气起反应，生成次氯酸，次氯酸有杀菌作用。当然如果有条件，还可以用山泉水，山泉水里面有一部分水溶性的盐，产生水解反应，使 PH 呈弱酸性，水质较软，不容易产生水垢，或者在水里加入少许白醋也可。

 8 如何在阳台上养花？

很多人都喜欢在阳台养花，因为阳台上养花不仅可以为自己的小家营造温馨舒适的环境，而且为高楼林立的都市也增添一些色彩；阳台多位于楼房的向阳面，具有阳光充足、通风的优点，这又恰好为居民养花创造了良好的条件。阳台养花可以根据个人爱好，采取多种形式：可以盆养、木桶种植；也可以砌种植槽；还可以悬挂。利用阳台一角，可设置梯形花架，摆设各种花卉。我们可以根据自家阳台的特点选择自己喜欢又适合自家阳台的花卉，经过精心养护，就会把这块小天地变成花卉园地。

首先，要根据阳台的特点，东西方向的阳台，为遮挡烈日，隔热降温，可盆植一些藤本花卉，如金银花、长堂藤、牵牛花等，并用绳子作支架，使其形成花蔓缠绕的绿色屏障，当然，这种藤蔓不能影响到邻居家的阳台或者要经过邻居同意。北向阳台则以种植喜阴性花卉为宜，如天竹、虎刺、万年青、玉簪等。

其次，阳台面积虽然相对较小，但可以利用阳台一隅，选种自己喜爱的几种花卉植物，当然还可以在墙边设立阶梯或双层木架，上层摆放喜阳花卉，下层放置耐阴花卉；并注意把高矮不同的花卉配置在一起，形成协调的层次。还可利用窗口牢固悬挂一些小盆花卉，如吊兰、垂盆草等，其景颇为新颖有趣。

最后，阳台花卉管理、肥水供给要适当，浇水要根据干湿情况。夏季天气炎热，阳台环境干燥，上午浇水一次，傍晚浇一次透水，每天上、下午用小喷壶向枝叶上喷水及向地面洒水，提高空气湿度。当然，冬季要做好阳台花卉的越冬。

9　如何预防家庭养花中常见的病虫害？

花卉病害大体上可分真菌病害、病毒病害、细菌病害和线虫病害四大类。

常见花卉真菌性病害主要有白粉病、黑斑病、叶斑病等病害，这就要求在深秋或早春清除枯枝落叶并及时剪除患病枝、叶，将其烧毁，并进行合理施肥与浇水，同时注意通风透

光。立枯病、根腐病要对土壤进行消毒,用1%福尔马林处理土壤或将培养土放锅内蒸1小时;还要注意浇水要见干见湿,避免积水。

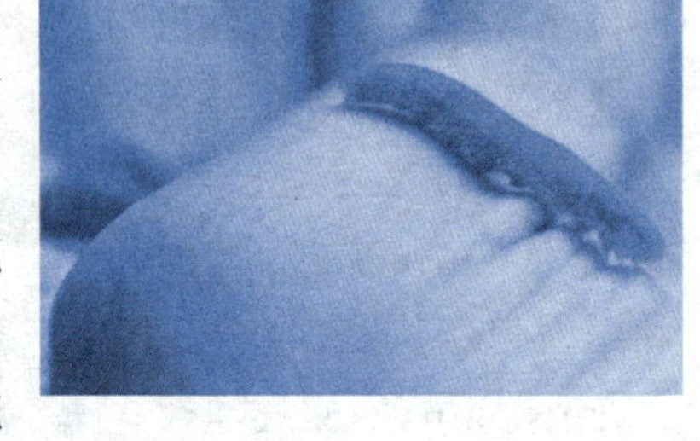

水仙、兰花、香石竹、百合、大丽花、郁金香、牡丹、芍药、菊花等花卉会出现花叶黄化、卷叶、畸形、丛矮、坏死等现象。这是因为花卉得了病毒病害。防治病毒主要措施有:选择耐病和抗病的优良品种,是防治病毒病的根本途径;严格挑选无毒繁殖材料;铲除杂草,减少病毒侵染源;适期喷洒40%乐果乳剂1000—1500倍液,消灭蚜虫、粉虱等传毒昆虫;发现病株及时拔除并烧毁,接触过病株的手和工具要用肥皂水洗净,预防人为的接触传播;加强栽培管理,注意通风透光,合理施肥与浇水,可以促进花卉健壮生长,减轻病毒危害。

常见花卉细菌性病害主要有软腐病、根癌病和细菌性穿孔病等。防治方法是对贮藏地点和盆栽土壤都要进行消毒,可以实行轮作,盆栽最好每年换一次新的培养土。还要及时防治害虫,从早春开始注意选用辛硫磷等家药防治地下害虫。同时及时清除受害部位并销毁。

线虫病害主要危害菊科、报春花科、蔷薇科、凤仙花科、秋海棠科等花卉。其主要症状是在主根及侧根上产生大小不等的瘤状物。防治方法有实行轮作,经常翻晒土壤,改善栽培条件。合理施肥、浇水,使植株生长健壮。

10 大蒜在养花上有哪些用处？

我们都知道大蒜具有很高的营养和药用价值，是养生保健的佳品。大蒜有杀菌、抗病毒、抗衰老、增强免疫力及防治疾病的作用，尤其对感染性疾病、心血管疾病、癌症、糖尿病等有良好的预防和辅助治疗功效。对人来说，大蒜是个宝，对花卉生长来说，大蒜也是个宝。

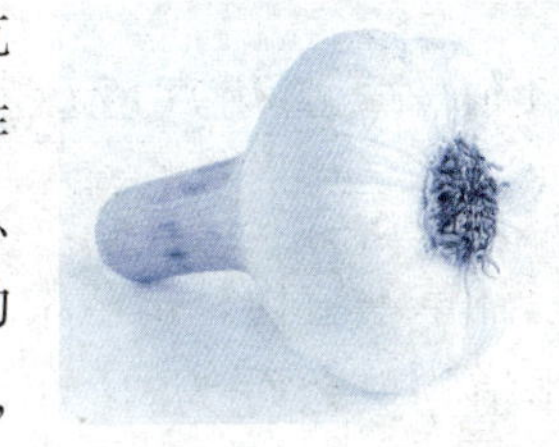

把大蒜剥皮捣烂然后加上水，泡出来的大蒜水涂抹在花卉发芽的地方，可以使花卉提前发芽。涂在花卉修剪、切割的剪口处，可以防止切口处干枯，还会对切口处有一定的消毒保护作用，使花芽生长得更整齐。

如果植物的根或者茎发生干枯甚至是腐烂的话，也可以先把干枯腐烂的花枝削剪平滑，然后用蒜瓣在切口处涂擦，隔几天涂一次，可以起到杀灭细菌的功效，达到防腐的效果。

用捣碎后的大蒜泡的大蒜汁喷涂在花卉叶片的背面，可以防治花卉虫害，也可以在大蒜汁中加入适量的大豆粉或者洗衣粉等，使大蒜汁有黏附效果，这样防治病虫害的效果更好。

大蒜除了可以防治病菌虫害，也有防腐保鲜的作用，因为大蒜汁抑制了细菌的生长，所以可以防止花卉的腐烂，同

时对于鲜花插花来说，如果把插花放到大蒜汁中泡 10 – 20 秒，就可以延长花期，使插花不会特别容易萎蔫。这都是名不见经传的大蒜带给我们的惊喜。养花需要有一定的耐心，只要平时细心呵护，每个人都会成为花卉种植达人。

11 草本花卉应该如何种植？

草本植物是指茎中含有木质较少，不太发达的植物。草本植物又可分为：一年生草本植物：生活周期在本年内完成，并结束其生命，开花结果。如：水稻、棉花等。二年生草本植物：生活周期跨越两个年份，即第一年生长，第二年开花结果而后枯死。多年生草本植物：植物的地下部分能生活多年，每年都发芽生长。

首先，草本花卉对土壤的要求并不是很高，只要是土质疏松肥沃，水分充足，土壤的透水性好就可以。在种植草本花卉前要将土壤深翻平整，晾晒消毒，然后将土壤湿透之后才可以下种。

其次，草本花卉的种子大部分靠自己繁育。当然，不同的草本花卉生长的周期也不完全一样，因此播种的时候要结合花卉生长周期，同时播种时要注意撒种适度，不能多了也不能少了。播种后用沙土覆盖，沙土覆盖太薄，容易生长不良，沙土覆盖过厚不容易出芽。

再次，大多数种子在温度 20 – 25 度的时候才会发芽，因此要特别注意保持适当的温度来保证种子的发芽率。种子发芽后要及时清除种苗表面的覆盖物，同时要适当给花苗喷水。

最后，等到长出小苗时便可以移栽到花盆中，在移入花盆前，一定要将土壤浇透，等到花苗开始有花蕾的时候可以适当追肥，在花苗生长的过程中要保持充足的水分和适度的光照。

夏季光照强烈时，植株不适宜长时间放在室外，因此要注意遮阴。冬季如果气温过低，可以盖上玻璃罩或者地膜等，保持温度的同时也可以保持湿度。

12 木本花卉应该如何管理?

木本植物是指根和茎都比较粗大、坚固，相对草本植物高大直立。木本植物根据植株高度及分枝部位等不同分为：乔木、灌木、半灌木。乔木，主干明显，分枝部位较高，如松、杉等植物。灌木比较矮小，高在 5 米以下，分枝靠近茎的基部，如月季、木槿等，有常绿灌木及落叶灌

木之分。

木本花卉的种植多采用插迁的方式进行，并且插迁成活率最高的季节是秋季。插迁的枝干要求年龄小，最好是当年生长起来的插枝比较好，因为这样的插枝再生能力强，成活率高，容易很快就长出根来，插迁后的管理要注意适时、适当、适量地浇水，并且最开始水一定要浇透。

对植株的温度也要进行适当的控制。不能将植株放到阳光下直射，要经常向叶面进行喷水，防止叶子萎蔫。要适时给土壤进行松土，以保证根系正常顺畅的呼吸。要根据季节性的气温变化和光照时间的变化，调整花卉的位置。

在木本花卉的管理中，要及时给花卉追肥，因为木本花卉隔年基本上还能生长，所以追肥适当，可以让花卉一直保持旺盛的生长势头。一般木本花卉栽种数年后，可连年开花。

木本花卉常见的病虫害相对草本花卉来说较少，但也应该在平时多加注意，在病虫害多发的季节，用对植株采取喷洒药剂的方式来提前预防病虫害。

13 怎样种植仙人球？

仙人球是家庭及办公室最常栽种的植物之一，大多数人都会认为仙人球容易种植，好养活，确实，与其他植物相比，仙人球的种植相对来说比较简单，但是仙人球的种植也有需要注意的地方。

首先，春夏季节是仙人球的生长季节，在生长的过程中，施肥是很必要的，因此，每半个月需要施1次肥，最好施氮磷钾混合肥料。

另外，仙人球虽然相对耐旱，但是不适宜暴晒，所以，光照强烈时要适当遮阳。仙人球的抗寒性不强，因此，冬季要把盆栽仙人球移入室内，并且因为冬天仙人球处于休眠期，停止生长，所以盆土要相对偏干一些，否则容易烂根。

其次，仙人球的繁殖一般采用嫁接的方式，5－10月都可以进行，最佳时间是5－6月和8－9月。嫁接完成以后，要把仙人球的盆放置在荫凉的地方，尽量避免光照，因为此时的仙人球十分脆弱，等到嫁接完成三四天后才能让仙人球接受太阳光，之后可以正常管理，这样仙人球就已嫁接成功了。

当然，要想使仙人球早开花，要保证充足的阳光与适宜的温度，同时要尽量控制浇水量。仙人球虽然耐贫瘠和干旱，但是在既干旱又缺肥的情况下是不容易开花的，因此，要想仙人球早开花就要对仙人球进行适度适量适时的施肥。

因为仙人球带刺容易伤到人，所以经常换盆换土是不太现实的，但是我们也要尽量在一定的时间，根据仙人球的生长需要，及时地换盆换土。

14 光照对花卉植物的生长有什么影响?

光照是花卉植物制造营养物质的能源,没有光的存在,光合作用就不能进行,花卉的生长发育就会受到严重影响。大多数植物只有在充足的光照条件下才能花繁叶茂。不同种类的花卉对光照的要求是不同的。花谚云:"阴茶花、阳牡丹、半阴半阳四季兰。"按照花卉对光照强度要求的不同,大体上可将花卉分为阳性花卉、中性花卉和阴性花卉。

(1)阳性花卉。如玉兰、月季、石榴、梅花、紫薇、柑桔等观花、观果花卉都属于阳性花卉,如苏铁、棕榈、变叶木等观叶类的花卉也是阳性花卉。多数水生花卉、仙人掌与多肉植物也属阳性花卉。阳性花卉顾名思义都喜欢阳光。如果阳光不充足,容易造成花卉的枝叶徒长,花叶的颜色变淡发黄,花卉的生命力变得脆弱,不容易开花或开花不好,还特别容易遭到病虫害。

(2)阴性花卉。如文竹、茶花、杜鹃、玉簪、绿萝、万年青、常春藤、秋海棠等花卉,如果长期处于强光的照射下就会导致花卉的枝叶枯黄，使花卉停止生长，严重的甚至会使花卉死亡。

(3)中性花卉。如桂花、茉莉、白兰、八仙花等花卉在阳光充足的条件下会生长发育得很好，但夏季光照太强的时候要及时给花卉遮阳。

总之，不同的花卉对光照的要求不尽相同，而且即使是同一种花卉，在生长发育的不同阶段对光照的要求也不一样，幼苗需光量可逐渐增加，阳性的菊花却要求在短日照的条件下形成花蕾。因此，要根据不同的花卉不同的生长时间段及时调整光照条件。

15 家庭怎样进行无土栽培？

随着无土栽培技术的发展，家庭无土栽培也日渐成为一种新的风尚，因为透明杯里的清水种植的花卉别有一番雅致。

首先，是栽培的容器。任何底不漏的瓶、碗、杯、桶等都可以用来作为花卉无土栽培的容器。

其次，是栽培基质（“土壤”）。“土壤”的选择受栽培花卉的种类、习性的影响，还要考虑到植株的大小、植株的体重、根的粗细等。总之，要求“土壤”能为植株根系生长提供最佳的环境条件，也就是说，“土壤”中的水跟气处于最佳的比例。

第三，是营养液。要求营养液既可以为植株的正常生长提供所需的必要元素，又容易被植株吸收利用。市面上都有成品的花卉营养液，我们可以直接买来用于无土栽培。

第四，是栽植。栽植前要注意消毒与清洗。要把根系上附着的泥土冲洗干净，叶子最好也刷洗一遍。

最后，是对植株的管理。注意要保证植株充足的光照，保证通风，保持适当的环境湿度等。

16 影响花种出苗的原因有哪些？

生活中，我们经常在种植花卉的时候，撒下大量的种子，最后却只有很少的种子出苗，到底影响种子出苗率的原因有哪些呢？

第一，种子本身存在质量问题。这就要求我们在购买种子时看好保质期，过期的种子的发芽率会很低。

第二，种子在种植前没有进行处理。不同的花卉种子，应当采用不同的处理方法。容易发芽的种子可采用浸种法，就是将种子放到水中进行适当的浸泡。有些花卉的种子不容易发芽，浸泡的时候就可以用一定温度的热水进行，这样就可以加速发芽。但有些特别顽固的种子，需要浸泡半个月到一个月的时间。因此，要在种子充分有活性的时候，再进行种植才能保证较高的成活率。

最后，要注意种子出苗的适宜的温度。温度太高或太低都会影响花卉出苗率，甚至会引发种子的霉烂，大大降低发芽率和成苗率。

17 盆栽植物叶子发黄的原因有哪些？

家庭种植的盆栽花卉经常会出现叶子发黄的病症，我们往往认为是花卉缺少肥料导致的，所以就会增加肥料。其实，花卉叶子发黄的原因有很多。

第一，施肥不当。盆栽花卉的种植过程中，长期不给花卉施肥或者施肥过多，都会引起叶黄现象。所以，夏季每周施一次稀薄肥，切记不要多施浓肥。如果施肥过多，可以多浇水稀释并冲去土壤中的肥料。缺肥时可导致盆土板结,花叶黄、薄、瘦,枝条细长黄嫩,应当立即施肥。还要根据花卉的生长期进行施肥,才能使花卉正常生长。

第二,浇水不当。花卉如果浇水过多或者长时间不浇水,花卉的叶子就会萎蔫下垂,这时就要马上往叶子上喷水,以加快植物对水分的吸收,然后再往盆里浇水,此时注意少浇水让土壤湿润即可,切勿过多。

第三,枝叶过于繁茂。枝叶生长过于茂盛加上长期未经修剪,互惠的枝叶就不能充分接受到光照,光照不足,花卉就会出现叶黄脱落现象,应加强修剪使内膛通风。

最后是病虫害及其他因素。受到病虫的侵害或者污染气体的破坏后,花卉的枝叶吸收营养的功能就会受到损害,因此,枝叶就会发黄。

18 赏花类植物应该怎样种植?

花卉不仅具有一定的实用价值,如梅花可以制成蜜饯跟果酱,桂花可以加工制成桂花糕等,而且越来越多地被赋予文化内涵,如玫瑰蕴含爱情,粉色康乃馨代表母爱等。赏花类植物要根据花卉

的习性来选择，并且在种植时要注意以下技巧。

首先，温度是植物健康成长的重要因素，耐寒性花卉与半耐寒性花卉种植起来相对简单，对温度的要求较少，对于一些温度较为敏感的花卉，在高温时应对花卉的叶面进行喷水，或者设置遮阳棚，搬入室内等；防止温度过低给花卉造成的伤害可以采取覆盖土壤，增加磷肥、钾肥的施入量，控制浇水等方法。

其次，要注意的是光照。光照充足，植物的光合作用就会旺盛，养分就更容易积累，植物就会长得更好。喜日照的花卉如报春花、瓜叶菊等就需要长时间的光照。在种植赏花类植物时，要切记适时控制它们的光照条件。

还有水、肥的施加，要根据喜湿喜干的植物的不同，选择浇水量。春季温差比较大，一般保持花盆土壤不干就可以。夏季气温升高，要保持盆土的湿润，需要多次施水。秋季雨水量减少，要根据不干不浇水的原则及时为花卉补充水分。给花卉施肥的过程中，花卉入盆前在土壤中要加入适量的肥料，一般以有机肥为主。花卉生长过程中，对一年中多次开花的植物，以施磷肥为主；对于南方喜酸性的花卉要施加硝酸铵、过磷酸钙等酸性肥料，来保持花卉的枝叶繁茂。

最后，在花卉的生长过程中，为了使花卉开得更加饱满鲜艳，可以进行剥蕾，将周围密集的副蕾剥掉就可以。

19 观叶类植物应该怎样种植？

观叶类植物是我们经常见到并且认为相对观花植物来说比较容易种植的，要想使观叶植物健康生长，需要从以下几个方面加以注意。

(1)增加光照。

夏季高温的时候，因为怕太阳长时间的照射会使花叶枯萎，将植株灼伤，所以我们通常会对植物进行适当的遮阳。但是对于大多数观叶植物来说，它们更加喜欢有足够光照的地方，它们喜欢更多地接受阳光的照射。因此，观叶类植物尽量都要摆放到有足够阳光的窗台、门口，这样能让观叶植物枝茎强壮，叶色纯正、有光泽，也能提高植物的抗寒能力，防止枝茎徒长。

(2)保证充足的肥和水。

初秋是观叶植物生长较为旺盛的时节，温度也很适宜，因此要十天左右施加一次以氮肥为主的肥料。浇水也要及时充分，还要经常向植株周围洒水以提高周围环境的湿度。秋末天气渐凉，这个时候要停止施加氮肥，适当地施加些磷钾肥。浇水也要逐渐减少，盆土稍干燥些比较好。

(3)换盆翻土。

随着植株的生长，有些花盆已经不适合了，此时可以及时更换稍大些的花盆，在换盆的同时添加合适的花肥，以提供足够的营养。不需要换盆的植株可以用小铲在植株周围挖几个小洞，添加一些肥料，然后用土盖住，浇透水，这样也能起到很好的效果。还可用小铲将花盆里的土壤翻松，给根系更多的呼吸，这样能使枝茎强壮，为寒冷的冬季做好准备。

20　观果类植物应该怎样种植(以金桔种植为例)?

观果植物的种植者都期待看到自己精心管理后的果实挂在枝头并且能够保持较长的时间。为了达到这个目的，必须创造条件来延缓这些果实的衰老，从而使其观赏时间延长。

首先，金桔喜温暖湿润气候，喜阳光充足，也较耐荫。因此在金桔的种植过程中要

保证适宜的温度以及充足的光照。但是不要把它们置于光线太强的地方，这样会加速果实成熟而缩短观赏时间，栽培地点或者放置盆栽的地方一定要通风良好，这样可以消除使果实脱落的气体。

其次，金桔对土壤的要求不高，能够耐得住相对干旱的土壤，但是生长所必需的水分要保证，特别注意的是当金桔挂果后，浇水应该适度，不要过多或过少，要保持土壤处于微微湿润的状态。

再次，夏季应勤追肥，因为夏季是金橘生长旺盛的季节，为促进金桔枝条的成熟和花芽分化必须控制水分，而且要适当施加磷肥。施肥需要掌握薄肥勤施的原则。金桔在立冬前后要及时移入室内。

还要注意预防虫害的出现，及时喷洒药水，适时提前预防病害的发生。在金桔植株的生长过程中还应该避免金桔植株根系受到伤害，一旦根系受到损害，水分、营养元素的吸收运送等就会产生困难，这会严重影响金桔果实存留在植株枝头的时间。

21 攀缘类植物该如何种植(以常春藤为例)?

攀缘类植物越来越受到人们的喜爱，因为空气质量的日渐下降，空气污染的加重，以及城市高楼大厦的平地而起，大片的绿色攀缘植物会给人带来放松的心情。那么如何种植攀缘类植物呢？下面以常春藤为例来介绍一下。

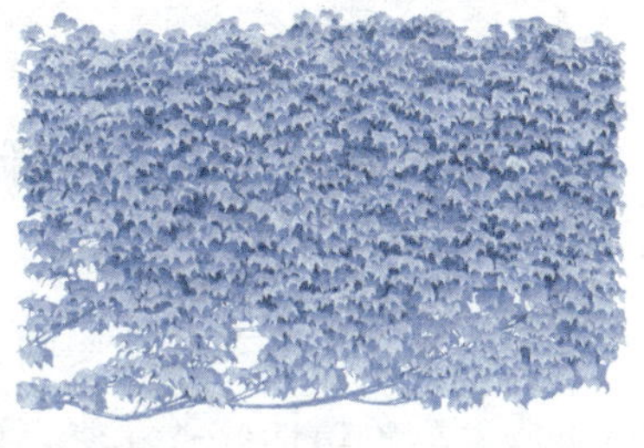

常春藤是喜欢温暖环境的植物，因此我们在冬天是见不到室外常春藤的，但同时，常春藤也怕炎热，所以炎热的夏天也很难见到，因此常春藤种植时要选择合适的季节，以保证适宜的生长温度，如果是室内种植的话，要特别注意室内的通风。

其次，常春藤喜欢阳光但不能长时间强光照射，同时又能够耐得住没有阳光，因此只要是将常春藤放在室内光线相对明亮的地方，它就会生长得十分旺盛，枝叶繁茂。

再次，常春藤生长期不能让盆土过分潮湿，否则会导致烂根落叶。冬季控制浇水，盆土微湿即可。常春藤施肥时切忌偏施氮肥，否则，花叶叶面上的花纹就会褪为绿色。

常春藤生长到一定高度时要注意及时摘掉中间的株心，这样不仅可以使它更加繁茂，还可以适当控制它的高度。

常春藤主要采用扦插法进行繁殖。扦插时注意：插条不能采用多年生老枝，而要选用生长粗壮的嫩枝；注意保护好插条上的芽点，否则会影响新株成活。

因为常春藤属于攀缘类植物，因此具有攀附性，所以可以设支柱，使藤蔓攀附向上生长，更有层次感，为居室空间美化增添更多情趣。

22 办公室养花应注意哪些问题?

办公室是一个单调枯燥的地方,因此我们都喜欢在办公室里放上绿色植株或者花卉,这些植物不仅可以起到净化空气的作用而且可以在繁忙的工作时缓解你的视神经疲劳,让你拥有一个舒适的工作环境。

办公室最适宜选择四季常青或能吸收有毒气体的花卉,例如绿萝、散尾葵、巴西木、发财树、富贵竹、君子兰、万年青、仙人掌(球)、芦荟、常春藤、水仙等。这些花卉能较好地清新空气和杀毒,比如吊兰能清新空气、杀菌,有效吸收甲醛、二氧化碳,还能分解复印机、打印机排放出来的苯以及尼古丁;仙人掌(球)放在电脑旁边能防辐射。

办公室种植植物要特别注意一些问题。首先办公室经常开放空调,屋里相对干燥,所以,办公室的盆栽要勤浇水,保持土壤的湿润,时不时地给土壤松松土,以保证根有较好的透气性。

其次，不要摆放一些花香浓郁的花卉，因为浓香能刺激人的呼吸系统，会使人出现头痛、眩晕、恶心等症状，有的甚至会使人昏睡、智力降低，这样会大大降低我们的工作效率。

还有一点就是，办公室的花卉本身就是为了缓解办公室的气氛种植的，所以对花卉的美观程度就有一定的要求，因此办公室的花卉要经常进行枝叶修剪，修剪不仅能保证花卉长势美观，也能有效预防病叶病枝的出现。

23 家里养花如果生了虫子怎么办？

家里养花，一旦花丛和植物生长进入到茂盛期就很容易出现虫子，但是，因为大多是室内盆栽，所以人们都不忍心喷洒农药或者杀虫剂，怕伤害了花儿又污染了空气。下面我们总结几种灭杀常见害虫的土办法，有需要的朋友可以试一下。

第一种方法是牛奶杀灭壁虱等虫害。花的茎叶上常附有壁虱，会引起花枝、花叶变色、枯萎。我们可以用半杯鲜牛奶、面粉加水搅拌，然后用纱布过滤，将过滤出来的液体喷洒在花的枝叶上，这个方法不仅能杀死壁虱，还可以杀死虫卵。

第二种方法就是用洗涤剂杀灭白蝇。白蝇不但会吸吮花木的叶汁，还会分泌黏液使叶子枯萎。可将洗涤剂与水搅拌均匀，喷洒在叶子上，每隔 5 ~ 7 天喷洒一次，直到白蝇被消灭干净为止。

第三种方法就是用大蒜来消灭害虫。将大蒜捣烂，埋在盆栽土壤的表层，或者放在花盆底下，对付一般的小虫子，这个方法很有效。也可以将捣烂的大蒜混合清水进行喷洒，可以起到有效的防治效果。

第四种方法是西瓜皮加烟头法。这种方法听着奇怪，用起来却很简单。将洗净的西瓜皮扣在盆土上，可以连续几天不用浇水，是盆花上好的养料。如果在瓜皮下面放上几个烟头，焦油和尼古丁渗进盆土后，可以杀死很多常见的小虫。

除此之外，把沏过的茶叶末晒干后，撒在盆土表面，也可以防止花卉长虫。

24 秋冬季节如何给花木修剪？

花木的修剪不是随便就可以进行的，季节不同，修剪的方式也会有所差别。

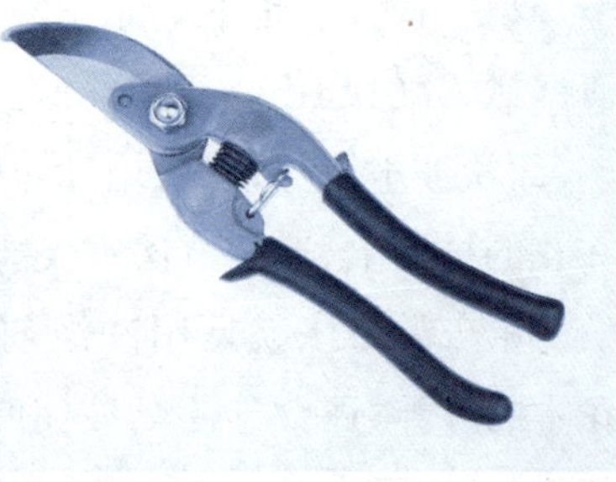

对花卉进行修剪要根据它们的习性和修剪目的的不同而

采用不同的方法。比如梅花、迎春等早春先开花后长叶的花卉，花芽都长在二年生枝上，一定要在开花后修剪，如果在早春发芽前修剪，就会误剪花枝，造成无花现象。

秋冬季节能够进行修剪的花木一般都是耐寒性极强的花卉，这时的修剪不宜过早，因为会诱发秋梢，不利于来年开花结果和御寒防冻。另外，花木整形、锯截粗枝或修剪的目的是为了更新，因而需强行修剪时，均宜于休眠期进行。

花卉生长期中的修剪，大都是为了通风透光，除去病虫枝、徒长枝，或为了调节营养，使花姿更加雅致、茂密、健壮，修剪程度一般宜轻。还要注意剪口的芽要留外侧的，使枝条向外伸展，而剪口成一斜面，留芽应在剪口的对方；剪口斜面顶部宜略高出留芽1～2毫米，不宜过高或过低。

为了花木更好地积累养分，抑制向高生长，使花木的枝条组织更加充实，促使花木萌发侧枝，增加花木开花枝数和朵数，开花整齐等，要对花的枝梢和顶部进行修剪。为了集中花木的养分，促使花木主干通直健壮，花朵大而艳丽，果实丰硕饱满，也要将花木的腋芽、嫩枝或花蕾减掉。还有为了调整树姿，利于通风透光，也会将花木的枯枝、病枝、密生枝修剪掉。

在花木进行换盆时，也会对花木的树根进行适当的修剪，以抑制枝叶徒长，进而促进花蕾的形成。

25 如何为花卉选盆、换盆？

根据制作材料的不同，花盆分为陶盆、瓷盆、塑料盆和木桶等。盆底有一至数个排水孔。

陶盆是黏土烧制而成的，是使用最广泛、历史最悠久的一种花盆，它具有价格低、耐用、透气性好等特点。

瓷盆透气性差，不适宜直接栽种花卉植物，但是，有的图案非常别致，适合做套盆用。

塑料盆质轻、造型美观，透气性相对较差，但只要注意疏松土壤和减少浇水次数就可以了。塑料盆还易老化，所以使用时要多加注意。

木桶常用于大型花木的栽培。

花盆大小的选择也要注意。盆大苗小的话，耗水少，盆土不容易干，会导致花卉根系四周的土壤过湿，透气不良而造成烂根。反之，如果花盆太小，根系不能充分伸展也是不可以的，所以花盆的大小要适中。

新盆使用时应先用水浸透，旧盆要刮掉泥土洗净再用。

花卉的换盆通常是在植物的冬眠期进行，因为这个时候大多数植物新陈代谢缓慢，新根尚未萌发，换盆的时候不会对根系造成伤害。如果过早地给植物换盆会使植物遭受冻害,如果过迟会导致根部损伤。

换盆首先要给植物进行脱盆。脱盆的具体方法是在花盆里的土稍干的情况下,先将植株从花盆中脱出,再用竹片剔除周围一半左右的宿土,并沿着土球将老根、烂根、过长的根减掉,这时要注意保持毛细根上的土粒。经过剔土修根后就可以栽种了,栽种时可以在盆底垫上碎片,以保持盆底通气透水,然后将植物栽入,确定好植物的位置后把土壤填满、填实。换盆后第一次浇水一定要浇足,以保证根须与新土的贴合,以后土不干就不要急着浇水。但可以向植物枝叶上喷水。

26 如何给花卉扦插、分株?

按照取用部位的不同扦插可以分为叶插、枝插和根插三种。

叶插只适用于多肉花卉,是将整片或者分切成几段的叶片平置在扦插基质上,或者把叶片的叶柄或叶的基部浅浅地埋在基土中。

枝插是将花卉的茎切成 5～10cm 的小段,等到切口干燥之后插入基土中,插的时候要注意不可以上下颠倒。

根插是把花卉粗壮的根切下,埋入土壤中,就会长出新的植株,这种方法成活率较高。

迁插后要特别注意喷水、遮荫、防风,以免插株失水,影响成活。

分株就是将花卉的丛生枝、匍匐枝等从母株上分割下来，重新进行栽植成为新的植株，这种方法一般适用于宿根花卉。首先，分株时要先将整个泥球从花盆中抠出来，小心地将泥土甩掉，然后按照根的自然伸展间隔，将根分开或者切开，分开的根与枝的多少要相称得当。其次，分开后对根枝加以修剪，除去烂根，还可以在切口处涂上木炭粉或者硫磺粉进行简单的消毒，然后再进行种植。分株的时候因为根、茎、叶都是完整的，所以成活率较高。再次，分株繁殖适宜在植物的休眠期进行，一般是 3 ~ 4 月份新芽出土前和 9 ~ 10月份植物停止生长后。当然，为了分株方便，可以在分株前让盆土保持适度的干燥，这样就会使花卉的根发白，产生不明显的凋缩，原本脆弱容易断掉的肉质根就会变得相对较软，分株和盆栽的时候就不会对根造成大的伤害。当然，分株和扦插后要加强管理。

27 花卉的繁殖方法有哪些？

花卉的繁殖，分为用种子播种繁殖后代的有性繁殖和扦插、分株、嫁接和压条等方法的无性繁殖。无性繁殖又叫营养繁殖，是用植物的营养器官的一部分，培养出新的植株的方法。

播种繁殖适用于绝大部分花卉，一般有露天播种和花盆播种两种。露天播种应选择地势相对较高、平坦、背风向阳、土壤疏松、排水良好的地方。应在晴天和土壤较干燥时开始种植。要将地面的土壤进行调整深耕，并对土壤进行消毒，消毒的同时将肥料均匀地拌入土壤中。花盆播种的时候要将花盆内的排水孔用碎瓦片堵上。然后将准备好的土壤倒入花盆中。要注意，播种前，要选准品种，最好是挑选颗粒饱满、无病虫害的优良种子。

压条繁殖是将母株枝条埋入土内，给予生根条件，待其生根后，再将新的植株与母株割离形成独立的植株。由于在生根的过程中可以得到母株的营养，所以成活率高，安全可靠，并能保持原种特性。但短时间不能大量繁殖，一般只用于难扦插成活的花卉。

嫁接，是将所需植物的一部分器官（枝或芽）移接在另一株植物上，使两种植物愈合生长在一起，成为一株新植物，称为嫁接。嫁接分枝接、芽接、靠接等。

28 如何选择花卉的花苗？

养花可以从三种方式开始：直接选购花种、直接选购花苗或者直接选购盆栽。

首先，在选择花种时要注意看花种的播种期和花种的保质期。在购买花种前要确定好想要播种的品种，不同种类的花卉，发芽要求不同的温度，所以要根据花卉的习性来选择播种时间。我国南北方的气候差异很大，因此，还要根据当地的气候特征来选择花种。现在，由于市场上的花种大多都是袋装的，所以在选购花种时要看清生产日期和保质期，因为种子一旦过期，发芽率就会随着储存年份的增加而降低，有的甚至会丧失发芽的能力。

其次，在选择花苗时，最好等到花苗大量上市后再进行选择，这样才能选到好的、成活率高的花苗。对于开花的花苗要选择部分开花的比较好，因为可以通过已经开了的花观察花的花色，并且有花苞的也会开花比较快，这样比较适合盼望开花的花友们。花卉市场的花苗有带土球和不带土球的，带土球的大多是常绿花卉，相对来说质量比较好，因为这种花苗的根须不易受到伤害，容易成活。但是现在很多花球都是假的，所以在购买花苗时将花苗提起来，看看土球是否脱落，就可以辨别土球是开始就有的还是后来粘上的。

29 怎样选择室内盆栽?

很多花都有净化空气、促进健康的作用,但有些花若养在家中,反而会成为致病源,或是导致老病复发、旧病加重的"罪魁祸首",因此专家建议,养花前必须了解花性,以防花一养,身体就出毛病。这里主要推荐一些适合在室内种植的花卉盆栽。

仙人掌:仙人掌是减少电磁辐射的最佳植物。仙人掌具有很强的消炎灭菌的作用,在对付污染方面,仙人掌是减少地磁辐射的最好的植物。此外仙人掌夜间吸收二氧化碳,释放氧气。晚上放在室内可以补充氧气,有利于睡眠。

发财树:发财树可以对抗烟草燃烧时产生的废气。发财树四季常青,能够通过光合作用吸收一氧化碳、二氧化碳等有毒气体,释放氧气,对烟草燃烧产生的废气有一定的抵抗作用。

文竹:文竹是消灭细菌和病毒的防护伞。文竹含有的植物芳香有抗菌的成分,可以清除空气中的细菌和病毒,具有保健功能。此外,文竹还有很高的药用价值,挖取它的肉质根,洗去上面的尘土污垢,晒干后就可以使用,有止咳、润肺、

凉血解毒之功效。

芦荟:我们听说过芦荟有很多好处,却不知道一盆芦荟相当于九台生物空气清洁器。盆栽芦荟有“净化空气专家”的美誉。芦荟可以吸收甲醛、二氧化碳、二氧化硫、一氧化碳等有毒气体,尤其是甲醛,在 4 小时光照条件下,一盆芦荟可以消除一平方米空气中 90% 的甲醛,还能杀灭空气中的有害微生物,并且能够吸附灰尘,净化居室环境。

吊兰:能够吸收空气中的一氧化碳和甲醛。吊兰能在微弱的光线下进行光合作用,能够吸收空气中的有毒有害气体,又被称为室内空气的“绿色净化器”。

30 怎样提高花卉种子的成活率?

要培育优良的花卉,选择优良的种子是很重要的,因此在正式播种之前要进行种子的选择。

首先,根据养花环境的光照条件选择适宜的花卉种类,如向南的阳台需选种喜光耐热的花卉。

其次,根据种植的季节选择花卉种类。有些花卉季节性很强,雏菊、金盏菊等,适合秋季播种。一般的种子,如四季海棠、凤仙花的种子,不需要进行处理就可以直接播种。凡是外壳有油蜡的种子(如玉兰等)可用草木灰加水和成糊状拌入种子才能播种。荷花、美人蕉等种皮较硬,播种前需要挫伤种子的外皮,并且要用温水浸泡 24 小时后再播种。

各种种子播种前都要进行发芽率试验,一般选取 100 粒种子,用温水浸涨后放入垫有湿润纱布的容器中,在温度22℃左右条件下催芽,检验种子的发芽率,以便确定播种量。

对于种皮较厚的木本花卉,春播前一般都要进行摧芽,以利出苗快而整齐,成苗率高。催芽多采用水浸、层积等方法。水浸法比较简单,就是根据种子的不同,用冷水、温水、热水浸泡。

而所谓层积催芽,是用三份湿沙土和一份种子混合后,在0℃～7℃的温度条件下保湿冷藏。其中对长期休眠的种子或隔年出芽的种子,可采用变温催芽法,即浸种后白天保持25℃～30℃,夜晚温度为15℃左右,反复进行约10～20天,则可促进发芽。如桂花、冬青、珊瑚树等,均可采用此法。

当然在选种前首先要清除种子中的夹杂物,以保证播种顺利进行。一般少量种子可用手选,种子量比较多时可用风选、筛选和水选。

31　外出时,家里的花卉植物应该如何护养?

外出的时候,除了会牵挂家里的宠物之外,对家里的植物也会牵挂。

对于耐旱的植物来说,外出对它们的伤害会相对较少,但是对于喜湿的植物来说,就需要更加注意,加强护理。

如果外出时间较短，照料植物花卉很简单，就是在花盆的托盘中装上水，当然，因为植物浇水过度会导致根部的腐烂，所以托盘中的水要用浅水，并且尽量在托盘底部敷上易吸水的沙子。放置场所：夏天尽量选择凉爽的地方，冬天放在昼夜温差小的地方。

外出时间相对较长时，如果植物不怕天气寒冷，可以把整个花盆埋在庭院的土中。给盆土和周围的土充分浇水，可维持水分。即使时间长也不会造成大的伤害，所以这种方法不但外出的时候可以用，平时如果懒得打理也可以使用这种方法。没有庭院时，可同样埋在大号盆的土中。还有一种方法就是将一个塑料袋或器皿装满凉水，找一根吸水性较好的宽布条，一端放入器皿中，另一端埋入花盆土里，这样，至少半个月左右土质可保持湿润，花木不会因缺水枯死。

外出时还要注意不要将植物放到容易被太阳长期直射的地方，当然那些长期在室外生长的花卉除外。如果是相对脆弱的室外花卉，要将花卉移到室内放置，以免突然的恶劣天气对花卉造成的伤害。

32 怎样给花卉施肥?

给花卉施肥并不是一件简单的事情，施肥过多花卉会被“烧死”，施肥过少，花卉会营养不良。

因此，施肥应该适量。对于盆栽花卉来说，施肥应该做到“少吃多餐”。不同种类的花卉对肥料的要求不同。如桂花、茶花喜猪粪，忌人粪尿；杜鹃、茶花、栀子等南方花卉忌碱性肥料等等。

根据季节的不同，施肥量也会有所不同。春夏季节花卉生长快、长势旺，可以适量多施肥；入秋后气温逐渐降低，花卉的生长也就相对迟缓，应该减少施肥；8月下旬至9月上旬应该停止施肥，防止花卉出现第二个生长高峰期，它会使花卉组织细胞细嫩而导致越冬困难；越冬花卉，冬季处于休眠状态，所以应该停止施肥。

施肥要在合适的季节也要有合适的时间，要在花儿真正需要的时候进行施肥，特别是发现花叶变色、变浅或者发黄，植株生长细弱的时候就应该给花卉施肥了。此外，花苗发芽、枝条展叶时也要追肥，以满足花苗快速生长对肥料的需要。花的不同生长时期对肥料的需求也不一样，施肥的种类和施肥量也不同。在花苗时期应该多施氮肥，可以促进花苗的生长，在花蕾时期，要多施磷肥，可以促使花开得更大、更鲜艳，花期更长。

当然，无论什么时期施肥都应注意适量，若施氮肥过多，易形成徒长；施钾肥过多，阻碍生育，影响开花结果。当然施肥的时候要掌握一定的温度，一般盆栽的花卉在中午前后或者雨天是不适宜施肥的，因为这个时候施肥容易伤害花根，最好是在傍晚施肥。如果花卉发生病虫害，可以在施肥的过程中加入适量的药剂，就能起到防虫害的作用。

33 家庭养花怎样自制肥料?

好的花肥能使花卉开得更加艳丽,长得更加茂盛。用我们生活中的废弃物来制作花肥,既能够节省成本,又能环保,最重要的是自制肥料的效果不一定比买来的肥料差。因为自制的肥料多是有机肥,不仅可以为花木的生长提供一定的养分支持,而且可以改善土壤结构,对花卉的生长十分有利。

比如,抽油烟机储油盒里的废油就是很好的花肥,将它倒入茉莉花的土壤中,会加速茉莉花的生长;将水果皮烂菜叶跟泥土进行搅拌,不仅可以当花肥,而且可以直接作为栽花的土壤使用。

我们知道植物的生长离不开氮肥、磷肥、钾肥等。

氮肥的制作非常简单,将腐烂的豆芽、瓜皮等捣烂,放到密封的坛子里进行发酵,等到发酵结束,氮肥就制成了。

磷肥的制作需要的是骨头、鱼骨刺等,同样放入坛子里密封发酵,磷肥就制作完成了。我们每天吃的鸡蛋壳也是很好的磷料,将蛋壳捣成粉状,埋入盆栽土壤中,这样会使花卉开出更加鲜艳的花朵。

喝剩下的茶水、淘米水、草木灰水、洗牛奶瓶子的水等等都是很好的钾肥，可以直接用来浇花，促进花木根系的生长，并且钾肥可以增强花卉抵御病虫害的能力。

34 养花花不开的主要原因有哪些？

有时候我们从花店买回家的开花植物，等到第二年花开的季节，往往不能开花，这是为什么呢？

第一，土壤的盐碱度太高。大多数植物都比较怕碱性的土壤，适合微酸和中性的土壤。所以，这是花不开的原因之一。

第二，光照温度不适宜。现在许多花卉来自不同的国家与地区，所以生长的习性也各不相同。要事先了解清楚所种植花卉的习性，也好对症下药。对于喜欢阳光的花卉，就要多晒太阳；对于喜欢湿润环境的花卉，就要多浇水。只有使花卉的各种生活条件都得到满足，花卉才能正常开花。

第三，水肥不适当。不同的花卉以及同一种花卉在不同的生长时期对水肥的要求也是不一样的，因此，浇水、施肥都要适时、适量。

第四，病虫害的侵袭。在花卉的生长期特别容易受到各种病虫害的侵袭，得病后的花卉就会造成花蕾脱落，特别不容易开花，因此，要及时防治花卉的病虫害。

35 室外花草遭遇恶劣天气应该怎么办？

进入冬季，各种阴冷、风雪等不良天气会对室外的花木造成一定的伤害，如果不及时处理，花木的生命将会面临威胁。

冬季，大风天气经常出现，越冬的植物需要薄膜、稻草等一定的覆盖物，要注意将覆盖物固定好，不要被风吹破吹跑，特别是夜晚的时候，要用重物压好。

如果花木被雨雪水浸湿，花木的防寒能力会急剧下降，所以在雨雪来临之前可以将花木或者花木的覆盖物用防水薄膜覆盖或包裹起来，这样既可以防止花木被水浸湿又可以保持花木的温度。

因为冬季花木有覆盖物长期覆盖包裹，所以经常不能见到阳光而且通气性很差，如果室外的温度有较大幅度的上升，可以将花木的覆盖物取下来，进行适当的光照与通风。但是取下覆盖物不能在早上进行，因为早上的室外温度相对较低，而且早上有晨雾，如果这个时候把花木的覆盖物取下的话，会冻坏花木，对花木的生长极其不利，而且每次取下覆盖物通风的时间不能太长，因为冬天的室外温度很快会将花木冻透。

降雪的时候不仅要注意及时清除积雪，以免将花木压折，而且要提前将稻草取下，直接用薄膜包裹花木，这样不仅可以免去清除稻草上积雪的麻烦而且积雪在薄膜外还起到了一定的保温作用，等到雪停之后，再将稻草覆盖好。

在开春揭掉薄膜和稻草的时候要注意不要一下子全部揭掉，因为花木长期被包裹，对室外温度要有一定的适应过程，所以，可以一部分一部分地揭掉。

第二章 萌宠饲养与调教

36 如何从狗狗的行为中读懂狗狗？

狗狗一般是比较有灵性的，它的吠叫以及各种行为都有一定的指向性，如果我们仔细聆听狗狗的发声，就会发现其中的含意。

持续性的急速吠叫，是狗狗的一种警报，表明有人入侵它们的领域。

每急促吠叫三四声就暂停，然后重复，这是对主人的提醒，是告诉主人要提高警惕。

冗长或者不间断的吠叫，其中间隔一段不算短的时间，这一般是狗狗被关起来或落单以后最常见的反应。

一两声尖锐短促的吠叫，这是一种典型的打招呼声音。

单一的尖锐短促吠叫，通常是母狗正在训练小狗时的声音，但也有可能是对其他的狗狗感到厌烦或者被主人弄疼时发出的声音。

当然，这只是狗狗吠叫的部分表征，不同的吠叫会有不同的含意，需要我们仔细去聆听去发现。

狗狗的行为也有很多值得我们去研究的地方。

狗狗邀请同类或是人与它玩耍时，会做出鞠躬作揖的动作，即前肘支地屁股撅起的经典造型，而后摇着尾巴，跳起来跑开，同时会回头看它的邀请是否得到了响应。

狗狗打哈欠是感到局促不安的一种标志，或许它内心很矛盾，它要决定是去是留。另一种不安的表现则是伸出舌头舔自己的鼻子，或者把舌头弹来弹去。

狗狗的耳朵向前表示自信或感兴趣；露出眼白，眼球变大表示害怕；尾巴耷拉着表示害怕或顺从；尾巴翘起表示自信；摇尾表示狗狗比较激动。仔细观察狗狗的各种表现，你会发现是一件很有趣的事情。

37　冬天如何为狗狗抵御寒冷？

冬天天气寒冷，稍有不注意狗狗就很容易感冒，所以冬天养护的关键是保暖，作为宠物的主人更需要去了解这些方面的知识。帮助狗狗御寒的方法主要有：

在窝内放些清洁的旧毛毯、厚毛巾等，有助于狗狗取暖。

冬季犬舍内温度应保持在13℃～15℃之间，不要把狗狗放在太通风的地方以防冻坏，尤其是6～8周的小狗，最容易感冒，如果不懂得料理，最好不要在冬天时购买幼犬。回暖后或等狗狗年纪稍大些再买，这样它的抵抗力也会强一些。

冬季气温寒冷，也要多进行日光浴，最好将狗狗的窝搬到向阳背风的地方，如果狗窝在室外，一定要在狗窝入口处挂上布帘，防止寒风窜人，增加垫褥的时候应注意勤换和日晒，以保持干燥。

平时出门仅留狗狗在家中的话，一定要关好北窗。晴天注意适当开窗通风，保持狗窝空气清新，预防呼吸道疾病的发生。天晴日暖的时候，要带狗狗外出活动，晒日光浴，因为晒太阳不仅可以取暖，紫外线还有杀菌消毒的作用，有利于狗狗骨骼的生长发育。

冬季也要注意调整狗狗的食物，寒冷的气温会引起狗狗体内热能的大量消耗。因此，冬天的饲料搭配中，最好相应地增加些奶油、内脏及含维生素A及脂肪成分较多的食物，这类饲料可迅速补充狗狗的热量，增强狗狗的抗寒能力。

要定期给狗狗洗澡及梳理毛发，尤其是经常出去活动的狗狗，它们的毛发容易纠缠在一起并积存泥土，定期给狗狗梳理不但会使狗狗的毛发柔顺，还能更好地御寒。

38 哪些食物和果蔬不适合狗狗吃？

狗作为最普遍饲养的宠物，在长期与人的共同生活中虽然已经能吃很多食物了，但有些食物狗狗吃了是不好的。比如：肉类，除了腊肉，一般要让狗狗吃生肉比较好，但是鱼类，最好是煮过的鱼或者是鱼罐头。

像虾、蟹、墨鱼、章鱼、海蜇等狗狗吃了容易引起消化不良，所以不能给狗狗吃。还有，大家都认为狗狗爱吃骨头，就经常把骨头都给狗狗吃。其实，如果为了补充钙质需要给狗狗喂食骨头的话，最好是牛骨、猪骨。鸡骨比较脆，咬碎后容易变成小片，狗吞下后会划伤胃和肠。鱼刺跟鸡骨的危险系数一样高，所以最好也不要让狗狗吃，当然鱼罐头除外。鸡腿、鸡胸肉等含有丰富的优质蛋白质，但含磷过多，容易造成狗狗营养不均衡。

胡椒、辣椒、芥末、生姜等调味料也不能给狗狗吃，因为这些调味料会影响狗狗的嗅觉灵敏度。洋葱头也不能给狗狗吃，因为狗狗洋葱头吃多了会引起中毒。还有一些甜食不能给狗狗吃太多，因为特别容易导致肥胖，还容易造成钙的吸收不足和龋齿病，对狗狗有很大的危害。

不能让狗狗摄入过量的维生素 C，因为狗狗吃下的肉类中含有的维生素C足够维持身体需要，摄入过多会导致消化不良。

桃子、梅子、李子等含有生物碱，狗狗吃了容易中毒。新鲜菠萝里也含有生物碱和菠萝蛋白质，容易造成狗狗中毒或者过敏。未成熟的番茄中含有番茄次碱也不能给狗狗吃。豌豆、蚕豆、大豆等含有生物碱且吃后容易胀气，不能给狗狗食用。含酒精的饮料会导致肝中毒，因此，也不能让狗狗饮用。

39 炎热的夏天狗狗中暑怎么办？

狗狗跟人不一样，它们的皮肤没有汗腺，所以狗狗的散热是由口来完成的。狗狗一旦感觉热，就会快速地呼吸，这样就会将大部分的热量从口腔排出，当然，还有少部分的热量是从脚底的脚垫排出的。因此狗狗在高温、高湿等情况下，容易造成神经系统功能的紊乱，也就是会中暑。

狗狗一旦中暑，要立即将狗狗从高温、高湿的环境中转移到阴凉通风的地方，并用冷水给狗狗进行简单的擦拭，然后将湿毛巾盖在狗狗身上，当然这时用的冷水不能太凉，因为水太凉有可能引起周围血管收缩。跟人中暑一样，也可以用酒精擦拭身体，促进热量的散发。

然后要及时给狗狗口服盐水。在治疗的过程中，注意观察狗狗的呼吸状况，要保持呼吸顺畅。如果狗狗体温降到38度时，就不要继续给它降温；如果狗狗出现呕吐等现象，要将狗狗的头部朝下，同时将呕吐物清除，避免狗狗将呕吐物吸入气管内；如果狗狗一直都处于昏迷状态，就要尽快送往宠物医院进行治疗。

狗狗通常在以下情况下容易发生中暑：在强烈的阳光下活动，如牵溜、训练、玩耍；在密闭的室内、犬笼或将狗放在锁着的车里时间过长，狗狗都会因为温度过高、通风不良、缺乏饮水而中暑；体型肥胖、有心脏病、皮毛浓厚、缺乏锻炼的狗狗也极容易在夏天发生中暑现象。因此，要多加注意。

40　狗狗产生护食行为怎么办？

狗狗护食是一种不好的行为。在幼犬时期如果对这种行为不加以纠正，今后会发展成为护玩具、护领地等等，最终导致攻击人类，是很危险的。

很多人主张用“打”来改掉狗狗护食的坏习惯，对这种方法我极不赞同。因为狗狗护食是一种本能，是与生俱来的，在它护食的时候打它，会适得其反，只会更激起它保护食物

的欲望。

避免狗狗护食是可以训练和纠正的，你可以经常将食物放手上进行喂食，摊开手掌，放在手心上喂给狗狗。这种喂食方式很安全，狗狗会舔食，不会咬到手。狗狗习惯后，可以尝试性地把食物拿在手上，喂给狗狗吃。

让狗狗适应进食时有人在身边。你在给它喂食时，先把手放在它身上，一边抚摸，一边把食物倒进食盆。它吃饭的时候，不要停止抚摸，动作要轻柔缓慢，并且可以跟它说说话，让它信任你不会抢它的饭就好了，这一过程有时需要好几天才能完成。

在吃饭的整个过程中，如果发现狗狗有威胁的苗头，比如开始皱鼻子、发出呼呼声、斜眼睛看人等，就大声呵斥，并端走食物，等狗狗安静下来，就夸奖它并抚摸它说："很好。"再给食盆，不断这样反复，直到狗狗不反抗为止。在喂食狗狗时多注意这些方面，等狗狗适应后就能避免护食行为。

41 狗粮应该如何存储？

很多主人发现家中的狗粮变质了第一个想到的就是狗粮的质量问题，其实不是这样的，狗粮开封后，若不加以密封保存，很容易影响狗粮品质。特别是在潮湿天和高温天不能妥善保存的话，狗粮就会变质，影响口感，狗狗也就不喜欢吃了。如果狗粮没有保存好而主人又没有及时发现给狗狗吃了的话，还会导致狗狗呕吐、拉肚子，长期食用会引发慢性胃肠炎等疾病，所以储存好狗粮是非常必要的。

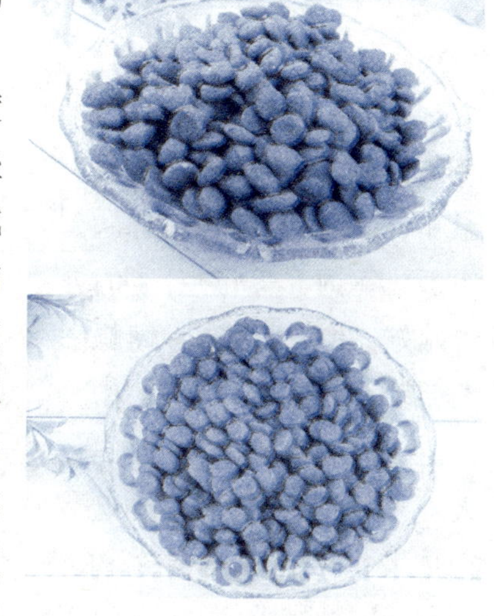

狗粮最好的储藏温度是0℃～28℃，若狗粮已经开封，一定要密闭保存，减少与空气接触的机会。狗粮中的不饱和脂肪酸与空气接触后，会产生过氧化物，所以一般生产出的食品要包装在完全密封的包装中，真空状态保存；狗粮应保存在阴凉、干燥、通风的地方，避免高温或阳光直射；若购买的是散装狗粮，将食品带回家后应尽快密封，可以使用封口夹夹紧，防止空气进入，或者是将狗粮放在专用的储粮桶中。

其实购买狗粮的时候不用一次买很多，现吃现买也是不错的选择，狗狗随时可以吃到新鲜的食物。当然，如果您懒得跑来跑去可以采用上述方法妥善保存食物。在购买狗粮时需看清生产日期及保质期，计算好狗狗食用的量，避免出现没吃完就已经过期的情况。最后要提醒您的是，夏季最好选择干粮食品，湿粮不易长时间储存。

42 小型犬类宠物如何养？

小型宠物犬具有体格小巧强健、行动灵活、性格温和、食量不大、智商较高、便于居室饲养等特点。如：吉娃娃、迷你贵宾犬、蝴蝶犬、腊肠犬、波士顿梗犬、中国冠毛犬、骑士王查理猎犬、澳大利亚牧羊犬等小型宠物犬。不同种类的宠物犬有不同的饲养方式，这里我主要介绍一些宠物犬类饲养的常规注意事项。

犬类在整个生命过程中所需要的能量是随着年龄的增长而增长的，基本上小狗一天2顿饭就可以了，有时候天热它就会吃的少些。一般中年(3－7岁)为顶峰，之后会有所下降，特殊犬种除外。一般来说体重大、活动量大、孕期或哺乳期的犬所需能量会偏高。一只老年犬所需的卡路里通常比它最健壮时少20%，但维生素、矿物质和抗氧化剂(维生素E、锌等可以破坏自由基的物质)的需求会有所增加。

在自制食物中应避免给狗狗喂食豆腐或其他豆制品，因为豆腐或豆制品会导致狗狗体内黏液增加引起胃部肿胀甚至危及生命。每天喂食应做到定时定量，食物的花样可多变，但数量保持稳定，不要养成狗狗乞食的习惯。另外，喂食的地点和用具也要固定，并做好清洗和消毒，定期给狗狗打狂犬疫苗，每三个月打一次即可。

同时也要注意狗狗的肥胖问题，最好一天遛弯两次，早晚各一次，不用非得一天溜好几趟，以防它没事就想出去跑。

43 养中型犬类的宠物应注意哪些问题?

中型犬类宠物在幼犬时期的生长速度非常快，所以需要在它们的饮食中加入更多的钙质来补充身体成长所需，在六个月之前，每天要喂养 3 ~4 次，六个月到一岁的犬可以每天喂食两次，一岁以后的成犬可以根据个体的不同需要改为每天喂食一次。

在喂养过程中，不要将牛奶、羊奶等作为犬类的饲料，尤其对于成年犬来说，它们的胃不能合成足量的乳糖酶来消化过量的乳糖，因此容易出现腹胀、腹泻等问题。

中型犬类宠物的毛发清理也是宠物主人应该注意的，对于皮毛短且非常密实的中型犬类宠物来说，掉毛情况不是很严重，主人可以每周两次用鬃梳为它们进行彻底的梳理，重点清除掉脱落的毛发和皮屑，在梳理过程中，与狗狗的亲密接触不仅可以增进人与宠物之间的感情，也可以及时发现它们的健康问题。

另外，耳道的清洁工作也很重要，要不定期地进行清理，尤其在它们游泳之后，以免耳螨和中耳炎的发生。在比较寒冷的冬天，要记得多喂一些脂肪类的食物，在夏天就多喂一些含纤维、维生素丰富的食品，如 MAG 金维他里面含有多种微量元素及维生素，有利于狗狗调理肠胃以确保代谢平衡。另外，要注意的是进食量和运动消耗要成正比，否则狗狗极易发胖。

44 如何喂养大型犬的宠物？

首先，虽然大型犬的胃口大，但是大型犬的新陈代谢却比小型犬慢，所以，为了保持瘦而健康的体态，它们对热量和脂肪需求相对较少。

其次，我们都知道大型犬

的身体骨骼架构比较大，关节比较有力，因此大型犬就会需要额外的钙和磷等矿物质来保证骨骼的健康。

还要注意，对于大型犬和巨型犬，不要以为它们体型大，吃的就多，如果过量喂食会引起爱犬的一些常见的健康问题，并且对于大型犬来说，如果它们的体重超出骨架的承受能力，还会导致身体畸形，特别是在它们的幼年和少年时期。

对于特殊的大型犬来说，购置狗粮的时候要注意选择颗粒比较大的，因为颗粒比较大的狗粮能让大型犬长时间咀嚼，降低进食速度，以便更好地消化食物——同时也能减少您过量喂食的冲动。特制的大型犬狗粮，还充分考虑到大型犬的新陈代谢较慢的特点，这种犬粮中的脂肪含量较低，有助于控制爱犬的体重，并减轻关节以及重要器官所承受的压力。同时，食物中含有大量的跟关节合成与恢复有关的营养成分。

再次，要注意的是喂食的次数，不要因为怕狗狗吃不饱而经常喂食，特别是对于大型成年犬来说每天喂食 1 ~ 2 次就可以了。老年犬因为更喜欢少量多餐的饮食方式，特别是在喂食罐头食物的情况下。因为大型犬进食不会细嚼慢咽，而是狼吞虎咽，这样容易引发消化道问题。所以要降低每次的喂食量，这样有助于改变大型犬快速进食的习惯。

45 猫粮应该如何选择？

宠物的饮食对宠物的成长十分重要，也是决定宠物是否健康的重要因素，因此在选择猫粮的时候要注意：

（1）要仔细看包装袋上的成分说明，糙米、燕麦等是十分有营养的，因此要选择含有这些成分的猫粮。

（2）因为不同猫粮拆开不能一次喂完，所以猫粮中都含有防腐剂，要尽量选购使用天然防腐剂的猫粮，如维他命 C、E，迷迭香油等。

（3）选择猫粮的时候要根据自家猫咪的身体情况进行选择，因为不同猫粮的营养成分跟营养比例都不相同。比如说，如果家里的猫咪较为瘦弱，那就要选择一些含蛋白质、油脂比例较高的猫粮了。

（4）如果猫咪生病了，直接喂药的话猫咪可能会抗拒，所以可以买那种水果味道或者是猫咪喜欢的味道的药，然后拌在食物中喂给猫咪吃就可以了。

现在的猫粮越来越多元化，广告也是铺天盖地，在选择猫粮的时候，不要贪图猫粮的价格便宜或者品牌新颖，适合自家猫咪的才是最好的。

46 家里养猫有哪些注意事项？

小猫的性情比较温顺、不矫情，所以，猫咪是很受欢迎的宠物。加上现在有很多流浪猫，有的人会把流浪猫带回家里喂养，那么家里养猫需要注意什么呢？

（1）要注意及时给猫咪打疫苗，预防猫瘟等恶性传染病的发生。因为猫瘟病毒对四个月以下的小猫的危害性相当大，它的传染是可以不通过直接接触就能够传染的，所以为了小猫可以健康地长大，请及时给它接种疫苗。接种疫苗的时间在小猫 12 周左右和一岁前共打两次，两次间隔 20 天，以后每年一次。捡回家里的流浪猫更要注意，要带到宠物医院进行检查以及注射疫苗。

（2）要注意小猫在没打疫苗之前不要给它洗澡。因为没打疫苗的小猫抵抗力很低，洗澡很容易着凉拉稀以至造成更严重的问题，建议最好是打过疫苗后再洗澡。如果小猫因为淘气弄得自己很脏的话可以考虑用热毛巾擦擦，或用刷子刷刷。平时要多给猫咪梳毛，这样也可以保证猫咪的清洁。因为猫咪要分泌皮脂保护自己的毛发，如果洗得过勤，皮肤保护能力下降，会导致皮肤癌变，而且最好用宠物香波，避免人用洗发香波的毒副作用。

(3)可以每周给小猫剪一次指甲，特别是前爪。因为跟人的指甲一样，会存留很多污垢。剪指甲的时候要特别注意要将指甲刀竖着拿，最外层透明的是可以剪的，挨着透明的是白色的，不透明的最好不要剪到，再往里面是粉色的，那部分一定不要剪到。

(4)不要给小猫喂牛奶。8 周大的小猫就可以独立生活了，它完全可以自己吃猫粮的。加上有的猫体内没有可以消化牛奶的消化酶，吃牛奶会引起腹泻。可以给小猫吃一点点肉类食物，但是量不要太大，指甲盖大的几小块就可以了。四个月以下的猫咪可以吃猫罐头。三个月以下的小猫消化器官很娇嫩，缺少好多消化酶，所以消化不好就会拉稀，吃罐头或单纯的肉类是很容易引起消化不良的。用温水将猫粮泡软了比较容易消化。少食多餐，不要吃过于油腻的食物。

47 小猫掉毛应该怎么办?

随着季节和气温的变化，猫咪的毛发也会发生变化，春秋两季是猫咪的主要换毛期，当然有些在室内饲养的猫咪一年四季都有可能掉毛。这些季节性的掉毛是正常的，而有的时候猫咪出现不正常的掉毛，出现这种情况的原因是什么？又该怎么办呢？

（1）猫咪掉毛很有可能是营养不良造成的。如果猫咪的毛柔顺有光泽，就说明喵咪的饮食营养搭配很全面，生长得十分好。如果喵咪的毛杂乱没有光泽，还经常掉毛，就有可能是胃功能不好，是由于食物太单一导致的营养不良造成的。所以，要根据情况补充不同的营养元素以确保猫咪的营养均衡。

（2）如果摄入过多的盐分，猫咪的肾脏会有很重的负担，就会造成猫咪的毛发干枯甚至脱落。因此要特别注意猫咪的饮食，不要给宠物猫吃人的食物，更不要因为疼爱猫咪，觉得要给它加营养就给它吃肉。家里自己制作猫饭的时候，不要放盐和其他调味品，以保证猫咪饮食健康。每天花几分钟为猫咪梳毛，猫咪会觉得很舒服，并且会加深你跟猫咪的感情。

（3）还要注意给猫咪选择适当的洗毛液，猫咪的皮肤属于中性皮肤，要使用宠物专用的洗毛液，猫咪不适合使用人用的洗发香波。要让猫咪适度地晒晒太阳，来帮助猫咪吸收紫外线。太阳中的紫外线能使猫的皮肤、毛发更健康、但不能晒得时间太久，以免晒伤或脱水。

48 小猫生病应该怎么办?

动物跟人一样也会生病,但是因为动物不会说话,哪里不舒服它也不会表达,所以,生活中我们要仔细观察喵咪。那么喵咪生病会有哪些症状又应该怎么办呢?

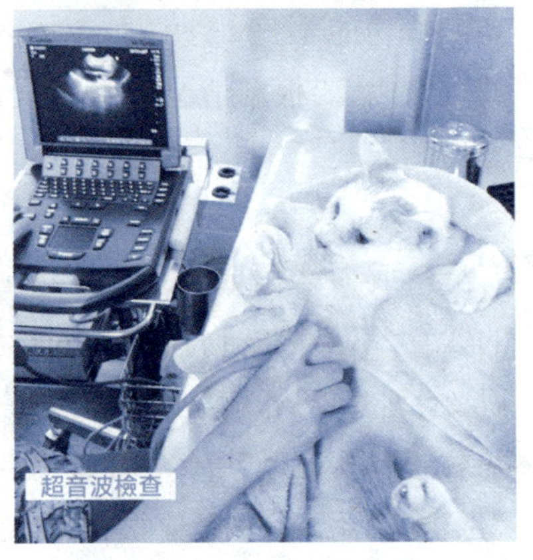

超音波檢查

(1)猫咪的眼睛是炯炯有神的。当猫咪生病的时候,猫咪的眼睛里叫做第三眼帘的地方就会突出而掩盖一部分眼球,有的时候甚至可以挡住眼球的一半。突出部分越多,说明猫咪的病情越严重。健康的猫的眼睛是很干净的,一般没有分泌物。如果眼睛出现脓性或浆液性分泌物,就说明猫咪生病了。

(2)猫咪的嘴巴正常的时候颜色是浅粉红色的,如果猫咪生病,嘴巴的颜色就会变色,如果颜色是潮红色说明猫咪发烧了,如果是苍白的说明猫咪有贫血,如果是焦黄色说明猫咪的肝脏出现了问题,如果是紫色那就说明猫咪病得很严重了。如果猫咪的口腔里有分泌物或者是齿龈溃烂、肿胀都说明猫咪生病了。

(3)另外如果猫咪的耳朵有脱毛等异常情况或者喵咪的鼻端有发热、龟裂、流鼻涕等现象,都说明猫咪生病了。

(4)在饮食上要注意,不能让猫咪过量地吃鱼,并且有些鱼也是不能吃的。因此要给猫营养全面而均衡的食粮。如果家中既养猫又养狗,那么要特别注意,不要让猫狗同盘吃饭,也要注意不要让它们互相吃剩下的食物,这些对猫狗的健康都是很不利的。

49 家里养宠物的药箱中应该必备哪些药?

家里如果饲养宠物,简单基本的宠物药箱还是必须有的,因为宠物们也在所难免地会出现各种小问题。

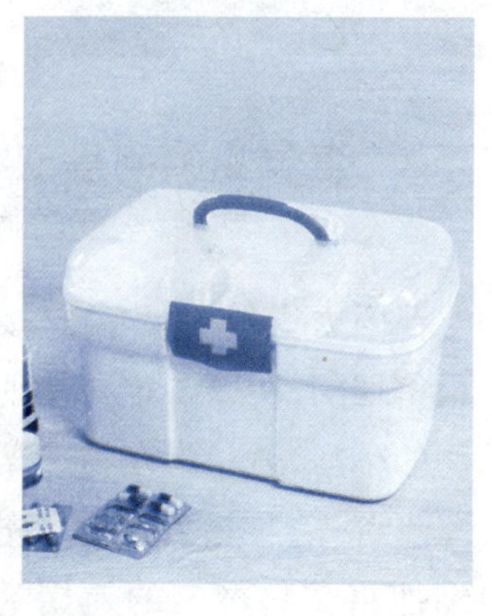

首先,一些基本的口服药是必备的。比如:可以治疗一般的感冒、上火的板蓝根,治疗便秘消化不良的乳酶生,有助于消化的多酶片,既有助于消化又有驱虫作用的酵母片,止吐药胃复安,驱虫药吡喹酮和左旋米唑,还有常用作辅助治疗的各种维生素,如复合维生素 b、维生素 a

等;抗病毒冲剂也必要,特别是夏天的时候,宠物积存热气后就很容易引起各种疾病。

其次,是一些基本的外用药。比如:在宠物被抓伤时杀菌用的碘酒和医用酒精,治疗宠物眼部疾病的氯霉素眼药水,还有体温表、棉花棒、注射器等。

一些我们人类生病经常用的药物也可以给宠物用,但要注意不是所有的人用药都可以给宠物用。比如,宠物有时会得口炎,就像人的口腔溃疡一样,可以用西瓜霜喷雾给它们喷在口腔内,一个星期就好了。

最后一点就是注意给宠物洗澡的时候,要尽量用那种有除菌作用的宠物专用香波或者硫磺香皂,不然会对宠物造成很大的伤害。

50 怎样帮猫狗等宠物洗澡?

因为宠物是跟我们接触很密切的,所以一定要保证宠物的干净,适时为宠物洗澡。

首先,在洗澡之前,先仔细地将宠物全身的毛用毛刷顺一遍,一方面是避免皮毛纠缠及梳理废毛,另一方面是检查它们有没有皮肤病或外伤。

其次，洗澡的水温要在40℃左右，不能太冷，宠物容易感冒，也不能太热，会让宠物不适。在正式开始给宠物洗澡之前，先让宠物适应一下水温，再从下到上依次把全身冲湿。不要让水进入宠物的耳朵，我们洗澡的时候有水进入耳朵会很难受，宠物们也一样。

然后开始洗澡，要先将沐浴露进行稀释，再往宠物身上涂抹，要注意宠物身体的每个部位都要清洗干净，从头到脚乃至宠物的爪子都要洗干净。洗的时候要注意可以用手指给宠物进行适当的按摩搓揉。在洗宠物腹部的时候要特别注意，因为一旦弄得宠物不舒服，它就有可能变得不那么温顺，有的还会伤到人。在洗的时候也要跟宠物进行沟通，减少它们的抗拒。

最后，用清水快速地将宠物全身冲洗一下，一定要冲洗干净，如果有沐浴露残留的话，会让宠物十分不舒服，还会造成皮肤瘙痒或者褪毛等。尽量避免将水洗进宠物的眼睛里。然后给宠物进行擦干，有的人会用人用的吹风机给宠物吹毛，其实是不好的，因为人用的吹风机会让它们很不舒服，不会配合吹干毛发，所以，要用宠物专用的吹风机。特别是小狗，洗完澡后一定要将毛发吹干，否则狗毛很容易结成球，看上去不美观，而且还会使狗狗感冒。

还有几点要注意的是，如果是很小的宠物，不要经常给它洗澡，因为经常洗澡会使宠物的生长受到阻碍，可以用经常梳毛的方式代替洗澡；不要在空气湿度大或阴雨天时给宠物洗澡;除了给宠物洗澡之外,还应定期晾晒、清洗宠物的寝具。

51 如何为宠物选择合适的玩具?

宠物用品的选择对宠物的生长生活是有很大影响的。宠物也跟儿童一样,喜欢玩玩具,一些适合宠物的玩具,会让宠物每天生活在快乐之中。但是宠物玩具不是随便什么都可以的。

首先,如果你家的宠物有经常撕咬的习惯,那你在为它选择玩具的时候就要选择耐用、抗撕咬的。像一些乳胶玩具就不太适合这类宠物,而橡胶和尼龙的玩具比较适合它们。一些绳索玩具也不太适合宠物,因为一方面容易让宠物自己将自己缠绕住,另一方面也不耐玩,很容易就被玩坏了,如果宠物经常撕咬也不利于宠物的牙齿健康。

其次,要根据宠物的大小与类型选择适合宠物的玩具。比如:有些小的玩具就不适合给大型宠物玩,因为宠物常常会将其吞咽下去或者卡在喉咙里。

宠物的玩具还不能太单一,跟人一样,宠物也会有喜新厌旧的习惯，所以玩具可以多准备几种，并且每一种玩具可以轮番玩。还可以选择一些骨头形状的木棒和没有毒的塑料玩具，这种玩具特别适合喜欢撕咬的宠物。如果宠物特别爱动，可以选择能够滚动的宠物玩的球和其他一些会动的玩具，都会引起它们的兴趣。

最后要注意宠物项圈在选择的时候不仅要根据宠物的脾性，而且要注意项圈的大小，千万不要让宠物不舒服。

52 如何为宠物狗“理发”？

我们知道宠物的毛发虽然有季节性的更换，但有时为了美观等原因，要适时地为宠物们“理发”。

首先，在给宠物狗理发之前要先洗个澡，然后边用木梳边理顺边修剪。剪刀要纵向进行，不要冲着狗的身体，以免将其划伤。

然后，可以先试着从下颌、耳际等容易修剪的地方着手，这些地方只要稍加修饰就能变得很整洁。要边修剪边说话来安抚它，使其保持冷静。这样时间越长狗的注意力就会越集中。要注意，胡须可不能瞎剪，那可是狗狗重要的探测器！

狗狗下颌处长长的毛不仅毫无用处，还影响面部美观，所以应将多余的部分剪掉。

狗狗的脚底是最容易弄脏的部位，如果脚上的毛长得过

长,不仅走起路来不方便,还容易在散步途中沾染一些灰尘和垃圾,而且看起来也不整洁。所以要把脚尖的毛和趾尖长出的长毛修剪掉,保持清洁、舒适。脚底肉球的缝隙间也会长出很多毛。如果这部分的毛长得过长就会把肉球盖住,使狗在走路时不能伸缩自如,而且在光滑地面行走时很容易滑倒摔伤。

狗狗前腿上的毛剪的时候边将毛理顺,边用小剪刀将过长的毛剪掉。为了使其看起来更自然,不要全部都剪成一样的长度,应按照腿的轮廓适当调节修剪长度。后腿上的毛如果长得过长,会给人沉重的感觉,将其修剪成自然的形状就可以了。但不要剪得过多,并注意整体的平衡感。

狗身上的长毛是最难剪的,不妨借鉴一下理发师剪头发的手法,用指头做尺子,想把毛剪短一点就用一根手指垫在底下,想让毛留得长点就垫三根手指头。

53 怎样养鱼?

家里养鱼不仅成为一种新的宠物饲养形式,而且养鱼的鱼缸已经成为“家具”的一部分。养鱼要注意以下几点:

首先是鱼缸的选择，要根据鱼的生活习性、大小、多少以及鱼的品种选择既适合鱼类生长又适合家里装修环境的鱼缸。

其次要注意，不要鱼多缸小。水多了鱼会特别容易生病，鱼缸太大太小也不行，鱼缸太大不利于保持鱼缸内的水质。

再次，第一次使用的鱼缸要注意用浓盐水消毒、清水洗净再加满水。

还要保证鱼缸里适宜的水温，并且注意鱼缸不能放到太阳直射的地方，那样不利于鱼儿的生长。

要及时给鱼儿喂食，但是不可以多量，要每天按时定点给鱼儿饭吃，吃剩下的饵料要捞出来。

一旦鱼儿生病，给鱼儿喂药的时候，药量一定要把握准确，一旦药量过高，鱼儿必死无疑。养鱼还要注意平时家里的油烟等，对鱼儿来说油烟相当于“毒气”。

在鱼缸中可以适当放一些水草以及装饰品，不仅为鱼儿营造出一个温馨的生活生长环境，而且还装饰了家里的环境。

总之，养鱼的话只要水质没问题、温度与光照适宜、食物保质且定量、操作柔缓、用药慎重、远离有毒物质等，鱼儿一定会健康地生长。

54 鱼缸应该如何选择?

摆放在家里的鱼缸不仅是鱼儿生活的地方,也是家中的一件"家具",因此鱼缸的选择也有一定的讲究。

首先,鱼缸的形状、色彩要与周围家具相协调。鱼缸的大小要考虑楼板的承重能力还要考虑搬运的时候是不是能够轻松地通过楼道或者电梯。

其次,新买的鱼缸要先将鱼缸擦干净,放入清水,静置一会,观察鱼缸,如果有冒水泡或者渗水的地方,这种鱼缸坚决不能用,这就说明鱼缸漏水。如果家里的鱼缸不是购买初期漏水,是在使用一段时间后漏水,就要及时检查并将鱼缸里的物品清理出来,并用玻璃胶将漏水的地方堵住,然后静置一天之后再使用,如果仍然漏水就要更换鱼缸了。

在选择鱼缸的时候要选择气味较小的鱼缸,因为味道太大,会对鱼儿造成伤害。所以,买回来的鱼缸如果有味道,不要着急使用,要先用水泡上一段时间,然后再开始养鱼。

还要注意如果家里有老人孩子的话,选择鱼缸的时候尽量选择弯角的鱼缸，直角的鱼缸容易磕碰受伤。

在鱼缸换水的时候，要将鱼缸进行及时的清理，以免有残留的垃圾影响鱼儿的生长。

总之鱼缸的选择也要根据所养鱼的种类、生活习性、多少、大小等进行判断。

55 鱼缸中的水温应该如何控制？

每种鱼都有适合自己生存的水温。有的鱼只能在高水温中生活，有的鱼则刚好相反，喜欢生活在低温的水中。那么家庭饲养的宠物鱼又该如何控制水温环境呢？

首先，家里养的鱼最好是附近水域或者是相关温度带海域的鱼。因为处在类似的环境中，饲养者也容易掌握和调控鱼儿的生长环境。

其次要注意勤换鱼缸里的水，如果不是热带鱼，比如金鱼，也不必特意降温，可在水中加入可浮在水面的水草，避免阳光照射，这样可以让鱼感觉舒服一些，切不可直接往里加凉水，水温变化超过二度，鱼是会感冒的，不但达不到给鱼降温的目的，还会使鱼生病。

还要往鱼缸里打氧气，因为鱼缸里水中的氧气不一定能满足鱼的生长需要，因此要加注射氧气的仪器一直往鱼缸里注入氧气。

冬天，需要在鱼缸中安装一个加热装置为鱼儿提供一个更舒适的水温环境。冬天水温低，鱼儿就会出现游动缓慢，拒绝觅食的情况，因此饲养者要调控好水温，才能保证鱼儿的正常生活。

56 养鸟有哪些问题需要注意？

养宠物本来就是一件细心的事情，养鸟更是如此；同时还需要你有爱心、耐心、虚心和平常心。每天都要给它收拾卫生，给它喂食，仔细观察鸟的情况，注意它们的健康，还要多观察别人养的鸟，找出与自己所养鸟的不同之处，要听取别人的意见，接受别人的建议，虚心好学。

养鸟需要注意以下几个问题：

(1)要把鸟笼放在猫狗等接触不到的地方，因为猫狗如果接近鸟笼，一旦乱叫，鸟就会惊慌害怕，在笼子里乱飞乱跳，容易撞伤。

(2)养鸟环境的温度要适度控制。夏天可以直接将鸟笼放在阳台等室外，但是冬天，严寒以及各种极端恶劣天气时有发生，所以要特别注意及时将鸟笼拿进室内或者是注意在鸟笼外面罩上覆盖物加以保温。

(3)喂鸟的食物可以是小米、苏子、麻籽等。每天都要给鸟更换饮用水，要勤打扫鸟笼里的粪便和鸟掉落的羽毛。

(4)鸟经常被关在笼子里肯定会特别无聊，所以，在公园里溜达的时候，可以提着鸟笼子，顺便遛鸟。还可以在鸟笼子里放上一些小树枝、小木块等物件，给鸟的生活增添乐趣。

(5)注意不要让鸟淋了水，很多鸟儿淋水之后就会感冒，导致其死亡，所以清洗鸟笼的时候也要特别注意。

总之，还要根据鸟的不同种类、生活习性等进行饲养。

57 鱼“翻肚”之后应该如何抢救?

好多时候我们会认为如果养的鱼“翻肚”了，应该就是鱼已经死亡了，就会将鱼捞出来扔掉，但其实鱼刚“翻肚”时是可以进行紧急抢救的。

鱼之所以会“翻肚”是因为鱼的血液流动方向跟人类不同，在鱼“翻肚”的情况下，大量的血液会冲到鱼的脑部，造成脑充血

而使鱼昏迷，继而死亡。

鱼在“翻肚”的时候最先要做的是将鱼扶正，听起来很难，其实简单，一种很简单的方法就是用塑料袋包裹鱼的全身，在鱼身体的左右用两个重物将鱼夹住进行固定，但是要注意的是固定一段时间后要让鱼儿自己开始活动一下，如果不让鱼进行活动的话，鱼的皮肤末梢会因为血液不流动而造成组织的坏死导致体力衰竭。

至于为什么要用塑料袋呢？因为用别的东西会使鱼的体表黏膜受到伤害继而引发别的并发症，因此一定要选择塑料袋。

在养鱼的过程中，为避免这种现象的发生，要注意控制好鱼缸里的水温以及家里的室温，注意选择合适的鱼食，做好卫生工作，而且饲养者必须要细心、有责任感。

58 如果被宠物咬伤应该怎么办？

随着宠物喂养数量的增加，每年被宠物咬伤的人数也在增加，并且宠物的种类由原来的猫狗等简单的小动物到现在的马、牛、龟、蛇等。每年 3 月至 10 月是动物的发情期，并且那段时间天气闷热，更容易引起宠物的躁动，性情突变、攻击性强，所以要格外注意。

首先我们要知道宠物有温血动物和冷血动物之分。温血动物包括猫、狗、牛、马等，冷血动物包括龟、蛇、甲鱼等。

如果被猫狗等温血动物咬伤后，一定要注射狂犬疫苗。注射疫苗之前先挤出伤口里的血，再用肥皂水反复冲洗伤口，接着用大量清水冲洗，涂抹碘酒。一般不需包扎或缝合。然后注射狂犬疫苗，越早越好。被咬伤后的48小时内应尽快注射疫苗。具体注射时间是：当天，第3、7、14、30天各肌肉注射一支疫苗。

被乌龟、甲鱼等冷血动物咬伤不需注射狂犬疫苗，但最好到医院进行消炎。如果咬伤的是儿童、婴幼儿，除了消炎，还应注射破伤风疫苗。被毒蛇咬伤，不要惊慌失措，为了防止毒液扩散和吸收，要绑扎伤口近处，并立即用清水、肥皂水冲洗伤口及周围皮肤，除去毒液。假如用嘴唇吸吮，需保证口腔、嘴唇无破损、无龋齿，否则有中毒的危险，吸出的毒液立即吐掉、漱口。总之，还是尽早赶到医院诊治为好。

因此，如果被宠物咬伤了，要及时做好伤口处理，以免引起感染，导致不必要的疾病。

59　如何为宠物选择合适的小窝？

给宠物一个合适的小窝，不仅可以使宠物能够健康地成长而且也会让宠物养成良好的习惯，不至于在室内其他地方乱待。宠物窝的选择要根据宠物的年龄段和季节以及宠物

的品种及生活习性进行综合分析，才能选购出一款合适的宠物窝。

从宠物的年龄上来说，幼小的宠物比较适合半封闭的宠物窝，年龄大的宠物对宠物窝的选择要求相对较少，只要冬暖夏凉就比较适合。

从季节上来说，春秋两季的差别不大，但是冬季选择宠物窝时保暖是首选，而夏天的时候要选择比较凉快的。藤编织的宠物窝就是夏天最好的选择。

从品种上来说，体型大的宠物窝肯定就大，这个要根据实际情况来决定。有些幼犬成长比较快，考虑到将来，不建议买太小的窝，一些大型犬可能比较重，建议选购狗窝时，着重考虑内垫的承重能力。还要根据宠物大小，宠物毛量的多少，宠物是否怕冷，来选择宠物窝的厚薄及大小。

从生活习性上来说，有些宠物喜欢蜷缩着睡，有些则喜欢伸展着睡，根据睡姿的不同宠物窝的选择也会不同；有的宠物喜欢抓咬，那就要选择布料厚实耐咬的宠物窝；如果宠物不能自己上厕所，或者还没学会，那就要选择防水或者可拆洗的宠物窝；如果宠物特别爱闹腾，可以为宠物配置几样玩具以分散它们的精力等。

60 宠物得肠胃疾病应该怎么办?

宠物一旦得了肠胃性疾病,很多宠物主人都会感到头痛。因为宠物的感受不像人可以表现出来,所以,作为宠物的主人要对宠物的饮食健康多加留意,不然的话,很容易使宠物遭受肠胃病的煎熬。

常见的宠物肠胃病有:反胃、慢性呕吐以及慢性腹泻。

宠物反胃是因为宠物的食道有问题。可能是食道的运动不足、食道内有阻碍物、炎症以及生瘤等。而食道的病情一般可从胸廓的放射片和内窥镜检查得知。因此,宠物也要经常进行体检。

慢性呕吐与慢性腹泻的原因可能是食物中毒、食物过敏症、肠道的寄生物、胃部能动性的毛病、胃溃疡或胃炎、胃肠有阻碍物如有赘瘤形成等。治疗宠物的慢性呕吐,宠物的主人必须注意宠物的饮食和及时带宠物去看医生。

61 怎样对宠物进行训练?

经常有人被宠物咬伤,所以学会训练狗狗,就可以避免这些现象的发生。

对宠物进行训练，首先要对宠物充满爱心、耐心，善于观察宠物的动作，懂得宠物的行为语言，最重要的是要讲原则。宠物不是机器，它是活生生具有独立意识的，有时还相当固执，并且，即使是同种类的动物，每一只宠物都是独立的个体，这就要求主人能够充分了解并且快速适应它们。

其次，对宠物来说，给它们过多的自由是有害无益的。一只训练有素的宠物不会在室内随地大小便；在室内、院落中和大街上会有很好的行为表现；主人骑车时会跟随跑动；在必要的时候，会保卫主人或主人的物品。许多养宠物的人都希望自己的宠物在有绳或无绳牵引的情况下都知道该怎么做。这种想法是不合理的，对宠物来说也是相当苛刻的。

再次，对宠物发出命令的时候应该尽量简洁明了。例如："过来""坐下"就比"到我这里来"或"乖乖地坐下"好得多。要让宠物知道哪些事情是能做的，哪些事情是不能做的。

还有对宠物也要多进行表扬。如果宠物听从了主人的要求，就应该及时地给予宠物表扬和鼓励，同时轻轻地抚摸宠物。宠物都是很有灵性、很聪明的，它们都会从主人的语气里分辨主人的意思。过多的责备对宠物是不好的。

当然有些时候也需要采取惩罚措施。因为宠物也有耍性子的时候，有时也会有惰性。但不要用手或牵绳打宠物。

总之，训练宠物要有耐心，善于观察，既然养了宠物就要把宠物当作自己的家人一样去关心，对宠物的训练也要严格。

62 如果宠物丢失应该怎么办？

大街上、站牌处我们经常见到很多寻狗、寻猫等启事。但是也有很多人认为，自己家的宠物宝贝丢失了，肯定是找不回来了，有的甚至在丢失后就放弃了寻找。宠物丢失后不妨试试以下这四条寻找途径：

(1)宠物刚丢的时候，要尽量询问一下附近的人，多发动家人朋友一起寻找，如果是宠物自己走失的，宠物往往还会在周边自己经常去的地方转悠，一些角角落落也不能放弃寻找。

(2)到相关机构进行寻找。比如犬管办、城管部门、派出所等，还是会有一些好心人把刚刚迷路的狗送到这些地方的。

(3)要积极通过网络进行寻找。目前有很多专业的宠物

网站，在网站上发帖，有很多热心的网友会帮忙留意，也可以通过一些宠物 QQ 群进行寻找。当然，通过报纸和电视台播放寻宠信息，也是不错的方式。

(4)一般来说，被拐的宠物犬往往会被再次贩卖，这些狗狗最终会被放在市场上销售，所以可以到市区各大宠物销售点寻找。也可以通过一些关系，到一些私人犬舍进行寻找。这个途径需要一定的费用，但还是有很多人通过这个方法找到了自己丢失的宠物。

第三章　品茶乐无限

63 如何选择茶具？

泡茶要选择与茶叶相应的茶具，才能把茶本身的香味和口感发挥出来。日常生活中我们使用的茶具，也大都根据茶叶的种类、人数的多少以及各地饮用习惯而定。茶具，由于制作材料和产地不同而分陶土茶具、瓷器茶具、漆器茶具、玻璃茶具、金属茶具和竹木茶具等几大类。

北方人特别喜欢花茶，花茶一般常用瓷壶冲泡，或者直接用瓷杯进行冲泡和饮用，冲泡的瓷壶大小视人数多少而定。

而南方人喜欢喝绿茶，就要用盖碗冲泡。如果品饮的是名优绿茶，那么最适宜用玻璃杯冲泡，可以看到茶叶和水的交融，别有情趣。在用玻璃杯冲泡名优绿茶时，还需要根据茶的品种和茶叶的重量选择冲泡方法。

我们常用的各类茶具中以瓷器茶具、陶器茶具最好，玻璃茶具次之，搪瓷茶具再次之。因为瓷器传热不快，保温适中，与茶不会发生化学反应，沏茶能获得较好的色、香、味。陶器茶具，造型雅致，色泽古朴，用来沏茶，香味醇和，汤色澄清，保温性好，即使夏天茶汤也不易变质。

紫砂壶因其较好的透气性和保温作用，特别适宜冲泡乌龙茶和普洱茶。还有，品饮各类名茶或其他细嫩绿茶，茶杯均宜小不宜大，用大杯则水量多、热量大，茶叶容易被“烫熟”，对茶汤的色、香、味会有一定影响。

64 不同的茶叶应该如何选择适合的茶具？

很多人认为怎样喝茶都是喝，所以对茶具的选择毫不介意，但是对喜欢品茶的人来说，不同的茶叶必须选择适合该茶叶的茶具才能更好地品茶。

（1）名优绿茶：可以用透明无花纹的玻璃杯，或者是白瓷、青瓷、青花瓷的无盖的杯等。最好是用无花纹的玻璃杯，因为这种茶具可以更好地观赏茶叶泡开的形态和色泽。

（2）黄茶：可以选择用奶白瓷、黄釉瓷和以黄、橙为主色的五彩瓷壶、杯具、盖碗、盖杯等。能够使茶的颜色被衬托得更艳丽。

(3)花茶:可以选用青瓷、青花瓷、粉彩瓷的瓷壶、盖碗、盖杯等。因为花茶是需要闷泡的茶品,而盖上盖子可以使茶的香气聚拢,揭开盖子的时候,才能有茶的香气,才能最好地体现出花茶的品质。

(4)红茶:可以选用紫砂茶具,白瓷、红釉瓷的瓷壶、盖碗、盖杯等。这种茶具能够更好地烘托红茶的茶色,使品茶更有情趣,更加赏心悦目。

(5)乌龙茶:可以选用白瓷质地的壶、盖碗、盖杯,或者是紫砂质地的茶具来衬托乌龙茶的茶色,并且盖碗、盖杯等也有利于聚拢茶香。

(6)普洱茶:可以选用紫砂壶,白瓷杯具,或是飘逸杯等茶具。紫砂壶具有较好的透气性和保温性,而普洱茶容易吸味,所以紫砂壶可以迎合普洱茶的这种特点,提升普洱茶的香气。

65 什么样的茶叶是好茶叶?

到底什么样的茶叶才是好茶叶呢?下面我们从以下四点来看。

一看色泽:新的茶叶一般都色泽较清新,不是嫩绿色就是墨绿色。如果干的茶

叶色泽发枯发暗发褐，就说明茶叶内有不同程度的氧化，这种茶往往是陈茶；如果茶叶片上有明显的焦点、泡点（为黑色或深酱色斑点）或叶边缘为焦边，说明茶叶不好，不是好茶；如果茶叶色泽花杂，颜色深浅反差较大，说明茶叶中夹有黄片、老叶甚至有陈茶，这样的茶也谈不上是好茶。

二看外形：各种茶叶都有特定的外形特征，一般来说，新茶的外形：茶叶明亮，大小、粗细、长短均匀的一般是好茶；茶叶枯暗、外形不整、甚至有茶梗、碎屑的茶叶多是不好的茶叶。茶叶细实、芽头多的嫩度高；粗松、老叶多的嫩度低。对于扁形茶来说平扁光滑的是好的，粗、枯、短的是不好的；而条形茶中茶叶紧细、圆直、匀齐的是好茶，粗糙、扭曲、短碎的是不好的；对颗粒茶来说圆满结实的是好茶，松散块的不是好茶。

三闻香气：新茶一般都有新茶香。好的新茶，茶香格外明显。质量越高的茶叶，香味越浓郁扑鼻。口嚼或冲泡都能感受到茶的好坏。如果是陈茶，香气就会淡甚至有一股陈旧气味。

四捏干湿：用手指捏一捏茶叶，就可以判断新茶的干湿程度。新茶因为要耐贮存，所以必须要足够干。如果茶叶能够用手指捏成粉末说明茶叶足够干，可以买；反之不宜购买。

66 泡茶的时候都有哪些要求?

泡茶的时候对泡茶的温度、冲泡的时间以及茶和水的比例都有一定的要求。

首先是泡茶的温度。绿茶的冲泡温度根据茶叶的老嫩不同而不同,对于质地细嫩的茶叶,冲泡的水温应该低些,而冲泡质地较老的绿茶,水温就要高些,这样才能让茶味完全地散发出来;红茶应该高温冲泡,因为如果水的温度低了,红茶的味道不浓,香气也淡;乌龙茶的冲泡水温是几种茶叶中最高的,最好用沸水冲泡,而且是刚烧开的沸水是最好的。普洱茶的冲泡也是用刚烧开的沸水最好;而冲泡花茶的水温不宜过高,水加入茶具后要及时加盖,以免茶香散失。

其次是茶水的比例。绿茶在茶水比例上要求1:50~60;红茶的茶水比例与绿茶相似,也是1:50~60;乌龙茶的茶水比例最高,一般要放到小壶或盖碗中的话茶水比例多为1:3,如果是用玻璃杯来泡,茶叶就要少一些,与绿茶差不多;普洱茶的茶水比例一般是1:40~60。一般老年人饮茶喜欢浓一些,而青年男女的饮茶则喜欢淡一些;花茶的茶水比例一般在1:40~60之间,如果用茶杯泡,茶叶用量可以稍减,用茶壶泡时,茶量稍多些。优质的茶叶用量可以少些,质量较次一些的,用量要多。

最后是泡茶的时间。绿茶的冲泡时间一般在2分钟左右，质老的绿茶冲泡时间一般1分钟就可以了；红茶冲泡要洗茶，将沸水冲入茶中，马上把水倒掉，再次冲入热水，冲泡时间在1分钟左右；乌龙茶，通常第一泡的时间为40秒左右；普洱茶的灰尘较多，首先要洗茶，普洱茶泡茶的时间很短，因为是沸水，一分钟之内就可以。

普通花茶的冲泡时间可以参照绿茶，一般在1分半钟左右，较嫩些的花菜冲泡时间较长些。

67 泡茶的时间应该如何掌握？

茶叶冲泡时间差异很大，与茶叶种类、泡茶水温、用茶数量和饮茶习惯等都有关。

普通的红茶、绿茶，根据自己的饮茶习惯放上茶叶之后，用沸水冲泡，冲泡的时候最好盖上杯盖，避免茶香散失掉，时间最好是3～5分钟。时间太短，茶叶的味道太淡；茶叶泡久了，会有涩味，香味容易丧失。新的绿茶冲泡时可以不加杯盖，这样茶的汤色会更艳。

如果放的茶叶量较多，冲泡时间要长一些，反之则短。

质量好的茶，冲泡时间相对较短，反之时间要长些。

茶的味道是随着时间的增加而逐渐增浓的。有的人喜欢喝清淡的茶，泡茶的时间就可以相对短一些，有的人喜欢喝浓茶，冲泡的时间就会相对长一些。所以，想饮味道比较香醇的茶的话，头泡茶最好是冲泡后3分钟左右饮用，如果想接着喝，等到杯子里还剩三分之一茶汤的时候，就续开水，这样不会使茶汤的味道太淡。

对于注重香气的乌龙茶、花茶来说，泡茶的时候，为了不使茶香散失，最好是加上杯盖，而且冲泡的时间不要太长，通常2～3分钟就可以了。

另外，冲泡时间还与茶叶的老嫩和茶叶的形态有关。一般来说，较细嫩的茶叶和比较松散的茶叶，冲泡的时间相对较短；相反，较粗老、紧实的茶叶，冲泡的时间可以适当延长。

总之，冲泡时间的长短，最终还是以适合饮茶者的口味来确定为好。

68 饮茶与季节有关系吗？

喝茶要与季节相适应，不同季节要喝不同的茶。

(1)春季多喝花茶。春季是万物复苏的季节，大自然相应地出现阳气萌动、增长的现象，这种特性中医称之为“生发”。按照中医“天人相应”的理论，人体也要遵循自然界的这一规律，阳气上升，人也会变得意气风发，乐观向上。在饮茶方面，春天比较适宜饮用花茶。因为花茶中花气芳香袭人，有利于散发体内在冬季积聚下来的秽浊之气，令人神清

气爽，消除春困。并且现代医学研究也发现，有芳香气味的分子可以促进机体提高免疫力，调节人体的新陈代谢。

(2)夏季多饮绿茶。夏季是一年之中气温最高的时期，同时也是人体新陈代谢最为旺盛的季节，阳气外发，阴气潜伏于体内，精神饱满。而绿茶属于未发酵的茶，性苦寒，能祛暑、清热。刚好适应夏季湿热的自然特征。并且绿茶对心脑血管系统疾病可起到较好的预防作用。

(3)秋季多饮乌龙茶。人们常用"秋高气爽、月明风清"来形容秋季，但秋季气候多变，也是一些疾病的高发期。例如"秋燥"，而预防秋燥可慢慢改喝乌龙茶，因为乌龙茶属于半发酵的茶，介于绿茶和红茶之间，既有绿茶的清香，也有红茶的醇厚，温凉适中，有润肺生津、清热除燥的功效。

(4)冬季多饮红茶。冬季天寒地冻，比较适合休养生息。所以，饮茶要多喝红茶。因为红茶属于全发酵茶，与未发酵的绿茶相比，性质温和，口感甘温，有助于滋养阳气，增热添暖。而且红茶含有丰富的蛋白质和糖类，有助于消化及去除油腻。

69 如何存放红茶？

由于红茶是属于完全发酵的茶叶，所以根据发酵程度来说，想要延长红茶的保质期，更好地储存红茶，最好的办法就是避光避热。

一般来说，茶叶的保质期以18个月为期限，在茶叶的外包装上也都标注了存储需要注意的相关事项。虽然红茶的发酵程度较高，可以避免因为变质而导致继续发酵的问题，但想要喝到香醇味正的红茶，在存储过程中还是需要掌握一些技巧的。

其一，储存容器。在家中装盛红茶的容器最好是瓷器或者不锈钢、马口铁罐。要注意，在把红茶放进容器前，要用塑胶袋将茶叶包装起来，并排除袋中的空气，这样能够更好地保留茶叶的香气。

其二，储存环境。储存环境对茶叶的保存期限也有着直接的影响。红茶的最佳保存环境是干燥、避光、常温。如果放置的地方潮湿，红茶容易吸水变质，而阳光的直射则会破坏茶叶中的维生素C，使得茶叶的色泽和味道都发生变化。

其三，储存时间。开头我们就说过，一般红茶的保质期是18个月，所以即使你的保持步骤做得很好很到位，茶叶也不能长时间地放下去，当然除了越陈越好的普洱茶。红茶存放的时间过久，茶叶的色相自然会慢慢消失，所以新开封的红茶最好能在三个月内饮用完毕，不过如果是买当年的新茶，应该置放十天或者半个月后再来饮用，茶性会相对温和，对人体更有益。

70 如何存放绿茶？

绿茶对于人体有诸多的好处，不仅清凉可口，而且还能起到防辐射的作用，对于都市电脑一族来说，是非常不错的饮品。不过对于绿茶的储存，大家还需要注意一些事项。

(1)要注意防潮。绿茶茶叶是一种疏松多孔的亲水物质，因此具有很强的吸湿还潮性。存放绿茶，相对湿度要控制在合理的范围内，如果太过于湿润，茶叶就容易发生霉变，进而酸化变质。

(2)不要放到阳光直射的地方。绿茶的茶叶遇到阳光会促进绿茶茶叶色素及酯类物质的氧化，能将叶绿素进行分解。贮存在玻璃容器或透明塑料袋中的绿茶茶叶，在受到日光照射后，茶叶内在物质会起化学反应，就会使绿茶茶叶品质变坏。高温会加速绿茶中的叶绿素降解，叶绿素就是使茶叶青翠的物质，翠绿的茶叶就会变成暗褐色，茶叶就更加容易变陈变质。

(3)尽量与氧气隔绝。因为绿茶中的叶绿素、维生素 C 等物质容易与空气中的氧结合，发生氧化，氧化后的绿茶冲泡时不仅颜色会发生改变，营养价值也会大大降低。

(4)避免储存空间有异味儿。绿茶中的一些化合物成分生活环境极不稳定，很容易吸收周边的异味。如果将茶叶与有异味的物品混放贮存，茶叶就会吸收异味而且无法去除。

总之，茶叶要放到阴凉干燥的地方储存，要注意茶叶开封后尽快饮用。

71 如何存放花茶？

对于如何存放花茶也是有一定讲究的。保存茶叶时应注意预防虫蛀与受潮，也要避免阳光直射而使花草变脆或变质。

（1）要尽量密封包装。一些密封的瓶瓶罐罐是储存花茶的最好容器，可更好地避免花茶受潮变质。所以，应该将花茶放到密封的容器中，并将容器口密封好，以免受潮；如果是袋装的茶叶，要将袋子内的空气挤出来，用夹子夹好，进行密封。当然，也可以用保鲜盒进行保存。

（2）避免阳光直射。不管是什么茶叶都要注意这一点。因为光线与温度都是影响花茶品质的重要因素。如果花茶不能及时喝完，也可以将花茶放在冰箱里进行储存，这样可以延长花茶的保存期限，但平时及时要泡饮的花茶就没有必要放到冰箱里了，只需要放到密封的容器中密封就可以了。

（3）要注意保质期。一般来说，保存良好的花草茶并没有一定的保存期限，但还是建议在一年之内饮用，以确保品

质。

(4)即摘即饮。如果要保存的茶叶是新鲜的花草，那就要尽可能在泡饮前再摘取叶子或花；如果泡过一次后有剩余的花草，可以把剩余的花草插在装水的杯子里，或是装在保鲜袋中，放进冰箱冷藏室保存茶叶，并且要尽快用完。

(5)切勿混合保存。不同种类的花草应该避免混合存放，因为它们会相互吸收香味。即使是同种类的花草茶，也有可能购买的时间不同或者生产的时间不同，所以也要分别收藏，以免新鲜的芳香加速流失。

此外，由于花茶源自天然，生产过程中没有使用农药和防腐剂，所以容易生虫，这些虫子并无碍饮用，相反，飞出虫子的花茶，更证明没有喷农药和化肥，可以让人更放心。

72 泡茶的水有哪些讲究？

好茶须得好水泡。那么什么样的水是好水呢？一般来说，好水一是指卫生条件好，有利于人体健康的水；二是指溶茶效果好的水。

茶叶中含有能溶于水的有机物质和芳香物质等。茶叶冲泡之后，浸出物的多

少，与泡茶的水质有关。

我们知道水有软硬之分。硬水指含有较多钙、镁、盐类的水；软水不含钙、镁等盐类或含量较少。用软水泡茶，茶的汤色清明，香气高雅，滋味鲜爽。但软水一般是雨水和雪水，所以我们平时的饮用水大多都是硬水。按理说，用硬水泡茶有失茶叶的本色，但是硬水煮沸后，硬度会下降，就会变成相对来说的“软水”，所以用硬水泡茶对茶叶的味道影响不大。

泉水、溪水、湖水、江水、河水、井水等都是泡茶的好水。但一般来说，泡茶最好是泉水和溪水。这两种水都是活水，且含矿物质多，对人的身体有好处，也更能发挥茶叶的本味。而江、河、湖水等水含的杂质较多，相对来说较混浊，次之。自来水含有氯气，作为泡茶的水水质更次。对自来水来说，应先静置两天，等氯气挥发之后再用来泡茶，效果会好些。现在净水器已相当普及，经净化、矿化的自来水亦属好水之列。

73 怎样喝茶才能更健康？

吃完饭或者家里有朋友到访时，我们总会沏上一壶好茶，不仅可以消磨时间，还能有保健的效果。但是其实如果饮茶不当，不仅没有保健效果，反而会对健康产生不良影响。

喝头遍茶的时候我们要注意，因为茶叶在栽培与加工的过程中不可避免地会受到农药等有害物的污染，即使是处理过的茶叶表面也总会有一定的残留，所以，头遍茶应该倒掉不喝。

空腹不能喝茶。空腹喝茶可稀释胃液，降低消化功能，加上水的吸收率高，致使茶叶中咖啡因等物质容易被吸收，引发头晕、心慌、手脚无力等症状。

饭后不能马上喝茶。茶叶中含有大量鞣酸，鞣酸可以与食物中的铁元素发生反应，生成难以溶解的新物质，时间一长会引起人体缺铁，甚至诱发贫血症。所以正确的方法是，饭后一小时再喝茶。

发烧的人不适合喝茶。茶叶中含有茶碱，茶碱具有升高体温的作用，发烧的病人喝茶无异于“火上浇油”，会加重病情。

很多人认为嚼茶叶根可以清除口中异味，所以喝茶之后喜欢嚼一嚼茶根，这样也是不健康的，因为有的茶叶根部会有一些农药残留物，所以茶根还是以不嚼为好。

茶里面含有的茶多酚具有瘦身与防癌的功能，所以每天适量饮用茶水，具有一定的保健效果。但是过量饮茶会增加肾脏的负担。

有的人爱喝浓茶，但是如果饮用的茶水过浓，会影响人体对食物中铁等无机盐的吸收，引起贫血。

74 夏天喝什么茶最好？

夏季，由于出汗较多，我们身体的水分随之流失得特别严重，适当地补充水分就变得非常重要。那么夏天喝什么茶好呢？

不同体质的人，夏天在饮用茶叶的选择上是有区别的，因为人的体质有燥热型和虚寒型，茶叶也有温性和凉性的差别，体质各异所以饮茶也有讲究。

燥热体质的人，应喝绿茶和清茶中的铁观音，因为铁观音的发酵程度较低，属于凉性的茶；虚寒体质的人，应喝红茶、普洱茶等温性茶；而清茶中的乌龙茶、大红袍属于中性茶。

陈皮茶具有消暑止咳、健胃的功效，夏天可以适量饮用，还有荷叶凉茶、西瓜皮凉茶、薄荷凉茶等都有降温消暑的功效，比较适合夏天饮用。

同时夏天喝茶要注意以下几个问题：

首先，经常习惯喝茶的人，在夏天要适量减少饮茶的次数和饮茶的分量，并且在喝茶后尽量多喝白开水。

其次，有肠胃病史的人，不能喝温度太高的茶水，要尽量将茶水冷到适宜的温度再饮用，沸水煮开的茶水对肠胃的损害很大，同时还要注意不要饮用浓茶。

最后，青年人夏天饮茶可以多喝点花茶，能够达到适当的消暑败火的效果，如茉莉花茶。

75 冬天喝什么茶最好？

冬天气候比较干燥、阴凉，人体由于摄取大量高热量食物，易出现消化不良等症状。这时我们就要用一些自己的方法调节一下身体，喝茶就是个不错的好方法。

冬季经常喝热茶可以有效补充人体所需水分，尤其是普洱茶，能有效调节人体内循环，增强消化系统生理功效，降低高血脂、高血糖、缓解高血压。

红茶味甘性温也比较适合冬季饮用。红茶含有丰富的蛋白质和糖，有促进消化、去油腻的作用，还可以帮助养生，能够使人体更好地顺应自然环境的变化。

冬季油腻的东西吃多了容易上火，这时也可以适量地喝绿茶。绿茶虽然性寒，但是具有清热、去火、消食的功效，并且可以降血脂，预防血管硬化。

冬季，有暖气跟空调的室内经常让人口干舌燥、嘴唇干裂，这时就比较适合喝乌龙茶，乌龙茶具有润肤、润喉、生津、清除体内积热的作用。

还有一些具有养肝利胆效果的花茶，也比较适合冬天喝。

女性在冬天还可以适量饮用一些补充血气的牛奶红茶，清热生津的甘蔗红茶，益气养血的糯米红茶等。

老年人在冬天要多喝具有理气开胃效果的萝卜茶，具有滋养润肺效果的银耳茶以及具有疏寒理气效果的姜苏茶。

76 怎样根据季节选择花茶？

不同的季节适合饮用不同的茶叶，对于花茶来说也是如此。

春季万物复苏，阳气生发，所有生物推陈出新、茁壮生长，因此春季适宜喝具有生发作用、能刺激人的感官、香气宜人的花草茶，这类茶可以消除冬季时积存在体内的湿气，生发人的阳气，可疏肝利胆，活跃人体。也可以选用药性平和的中药材。春季常喝的花茶有玫瑰花茶、茉莉花茶、菊花茶、莲子茶、红枣茶、百合茶等。

夏季天气炎热，高温酷暑，容易上火，因此比较适合饮用茶性清苦，带有清凉性质，除烦解暑的花茶。并且因为夏季炎热，人体的消化功能不强，因此饮用花茶时要多喝一些调

理肠胃、清热解毒的养生茶。夏季常喝的花茶有绿茶、薄荷茶、连翘茶、金银花茶、蒲公英茶、芦荟茶等。

秋季秋高气爽，万物萧条，人体转入收敛阶段，容易出现秋燥的现象，秋季的养生茶茶性应该沉稳、收敛，以滋阴润肺、润燥生津为主。因为秋季盛产水果，所以水果茶也是一个很好的选择。秋季常饮用的茶有杏仁茶、雪梨茶、胖大海、罗汉果、桔梗茶、甘蔗茶、香蕉茶、杨桃茶、菠萝茶等。

冬季天寒地冻，霜雪交加，人体阳气减弱，阴气转盛，这个季节可以饮用具有温中散寒，滋补性质的养生茶，茶性可以偏热。冬季常饮用的花茶有红茶、铁观音、川椒茶、丁香茶、桂枝茶、人参茶、冬虫夏草、灵芝、红枣茶等。

77 如何品茶？

所谓品茶，品的往往是一种感觉，没有一成不变的逻辑，关键是适合自己。品茶有八大基本的要素，用简单的八个字来介绍就是：备、洗、取、沏、端、饮、斟、清。

(1)“备”指的是对开水、茶具、茶叶和环境四方面的相关准备工作。

(2)"洗"指的是对茶具的热烫、清洗过程,主要是为了温杯和消毒。

(3)"取"指的是按客人的习惯、喜好,准备各种茶叶品种,以供客人选择饮用。

(4)"沏"指的是沏茶时动作要轻柔而稳重,倒开水也有讲究,把茶壶上下拉三次,即行家所说的"凤凰三点头",有助于使杯中茶叶均匀地吸水。

(5)"端"指的是端茶给客人,万万不可用手抓提茶杯边缘或直接握住杯身。正确的做法应该是用左手托住杯底,右手稍微扶住杯身即可。

(6)"饮"指的是客人接过茶后,出于礼貌,不应举杯一饮而尽,可从杯口稍吮一小口,茶水经过舌头,扩散到舌苔,直接刺激味蕾,此时则能体会到品字的含义。

(7)"斟"指的是给客人斟茶,切忌等客人杯底将露再加开水,而应该勤斟少加。俗话说"浅茶满酒",要注意礼节。

(8)"清"指的是清洗茶具。须等客人离开后方可进行,清洗之后存放好以待下次使用。

第四章 美容护肤小妙招

78 如何选择适合自己的化妆品？

有些人买化妆品只看广告或者是听朋友推荐，但是，别人用着合适的化妆品不一定适合你，所以，选择化妆品的时候要根据自己的皮肤类型，选择适合自己皮肤的化妆品。

油性皮肤的人要选择低油性且具有吸附和去脂效果的化妆品。要注重清洁，抑制油脂。如果油性皮肤并且患有痤疮的人在痤疮生长阶段最好不要使用化妆品，也不宜化妆。

干性皮肤的人在选用化妆品时，要选择含有适量油脂的水基性或油机性制品。适度清洁、保护，选择高保湿的洁面产品、乳液或乳霜。

中性皮肤的人皮肤既不干燥也不油腻，毛孔细腻有光泽，对外界刺激不敏感。要适度清洁和保护，选用性质温和滋润型的护肤品。

混合型皮肤的人皮肤状态会随着季节变换而改变，一般表现为，夏季油性，冬季干性。需要根据季节变换选择化妆品，并进行分区护理，T 区油性选用适合油性皮肤的化妆品，两颊中性或干性，就选用中性或偏干性的护肤品。

敏感性皮肤的人在选用护肤品时应该慎重，稍有疏忽有可能发生接触性皮炎或其他烦恼，为避免或减少护肤品皮炎的发生，在选用护肤品时要征求皮肤科医师的建议，进行皮肤试验，选用专门针对敏感肌肤的化妆品。

除了针对自己的皮肤，选择合适的化妆品外，外界环境对皮肤也有一定影响，为了皮肤的健康，应该随着季节变换选用化妆品。从春季到夏季，紫外线随着气温上升，皮肤血液循环良好，皮肤分泌和代谢功能有所增强，皮脂分泌也会变得旺盛，容易形成粉刺。所以不宜频繁使用含油脂或粉末过多的制品。从秋季到冬季，气温逐渐下降，皮肤功能活动减弱，粗糙，所以应该多做面膜，保持皮肤润泽和弹性。

在选择爽肤水的时候用力摇一下瓶身，摇完之后观察泡沫，要选择泡沫细腻丰富且不会很快消失的；选择乳液的时候，可以简单地闻味道，好的乳液成分纯正，没有很浓重的香料味道；选择精华素的时候，要注意观察精华素的色泽和形态，不要选择那种浑浊有沉淀的精华素；洁面乳要选择没有

油腻感、有淡淡清香的等。

79 如何为自己的皮肤补水？

很多皮肤问题都是由于缺水造成的，所以适时地为皮肤补水就可以避免很多皮肤问题。补水不仅要借助水乳等补水保湿的产品，还要从身体内部慢慢进行调节。

我们经常说每天要喝够八杯水，这种说法不是没有依据的。人体每天要消耗大量的水，因此只有及时补水才能满足人体的需要。

除了每日必要的定时定量饮水，饮食补水也是很重要的因素。在日常生活里，要多吃水果、蔬菜、豆制品及牛奶等碱性食物，每周尽量煲汤，少吃辛辣刺激性的食物，并保持良好的睡眠。

当然皮肤补水，并不能完全通过简单的喝水和食补解决，护理是关键。我们知道皮肤的水分通过角质层进行蒸发，角质层越薄，水分流失就越快。所以我们要注意对皮肤的保护。

洗脸的时候应该尽量选择温水（特别是冬天），不要用过热或者过冷的水，过热或者过冷的水会加重对皮肤的刺激；洗脸之后，不要擦得太干，在皮肤还是湿润状态时，要立即使用补水产品，爽肤水、乳液、保湿霜等，不要等到面部干燥之后再涂抹；当然，还可以定期做补水面膜，从外向内为皮肤补充水分，使水分到达真皮层，因为外部的锁水成分，只是对角质层的补水。

还要注意，给皮肤补水不只是面部的皮肤，也要进行全身的补水，特别是在沐浴之后往身上涂抹一层厚厚的补水保湿乳霜是一个很好的选择。

80 怎样涂睫毛膏才更自然？

我们在化妆的时候，一定不能忽视这些小细节。睫毛膏的涂画，对眼妆甚至是整体的妆容效果都有很大的影响。那么睫毛膏应该怎么刷呢？

(1)先用睫毛夹，夹出睫毛的卷翘度。

(2)假如睫毛不够长，可以先用胶水粘上假睫毛。

(3)水平式手握睫毛刷，用Z字形的动作刷上睫毛膏。如果想要达到睫毛根根分明的效果，可以重复再刷上一层睫毛膏，但是要注意，刷的时候要以垂直的方向，一根根地刷；如果想要眼睛看起来大一些，可以在眼睛外角处多刷一层。如果将整个睫毛往上提，可以使睫毛达到上扬弯翘的效果。

(4)将睫毛刷竖立,刷眼尾和下睫毛,并在睫毛末梢轻轻地左右刷动,这样会修饰出较长的眼睫毛效果。

(5)如果想要睫毛更加竖立,可以重复上一步骤,刷上另一种比较鲜艳的颜色。

(6)上睫毛膏的时候,首先看一眼睫毛刷是否毛量均匀,所沾的颜色是否有杂质或者块状。

因为睫毛膏直接接触眼睛,所以应当特别留意睫毛膏的清洁。在卸除睫毛膏的时候,必须先用化妆棉沾湿卸妆用品,在眼部轻按 5 秒,让卸妆液有充足的时间溶离睫毛和眼线上的防水成分,再用棉花棒沾取卸妆液进行细部的清洁。

注意睫毛膏的卸妆方向必须按照眼皮的机理进行:采用右眼顺时针,左眼逆时针方向清洁,就可以避免单独拉扯导致的小细纹。

81 面膜是要天天敷才更好吗?

爱美是女生的天性,很多女生都会选择购买一些化妆水、乳液、面霜和面膜等,那么面膜是否需要天天使用呢?每天敷面膜是好还是坏?

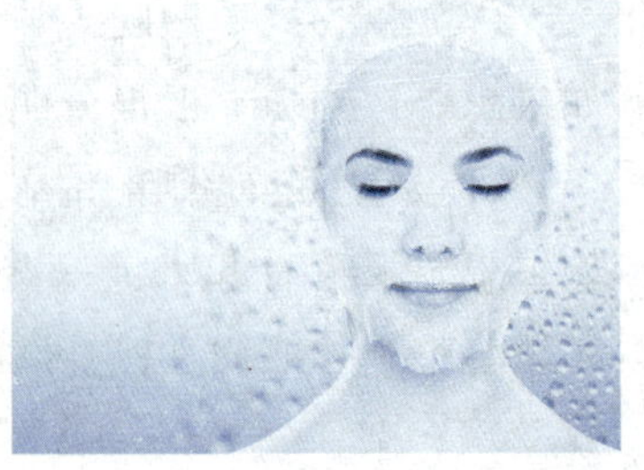

现在市面上的面膜,品牌种类虽多,但大多都是按照用

途来划分的，而不是按照使用者的皮肤类型。一般面膜可以分为护理型和美白型。因此，根据面膜功效的不同，使用频率也应该有所区别。

具有深层清洁功效的面膜平均每周使用不要超过 2 次，油性肌肤每周 2 次，中性肌肤、干性肌肤使用 1 次，每天使用清洁面膜会引起肌肤敏感甚至红肿，会使尚未成熟的角质区抵御外来侵害的能力降低。

滋润面膜每周使用不可以超过 2 次，以免造成脸部营养过剩，引起过敏、暗疮等。

补水面膜，则可以在干燥的季节里每天使用。

其他有特殊功效的面膜也不适宜频繁使用。

其实面膜是属于加强型的保养品，每周 2 ~ 3 次即可，即使天天都敷，皮肤也来不及吸收全部的养分。而且长期使皮肤处于面膜环境中，还会降低皮肤的自我修复能力及自身抵抗力，所以每周按照自身皮肤需要，选择合适的面膜最好。

除了面膜的使用周期，面膜的使用时间也很重要，夜晚是皮肤美容的黄金时间，此时皮肤细胞更加活跃，代谢能力更强，可以令面膜或其他保养品的美容精华更充分地发挥功效，使肤质获得最大程度的提升。因此夜间是做面膜的最佳时间。

82 怎样洗脸才能对皮肤更好?

我们每一天都要洗脸，可是到底怎样洗脸才是最好的呢？洗脸的时候有什么需要注意的呢？

选择适合自己肤质的洁肤品，是正确洗脸的第一步。市面上所能买到的洁肤品可以分为香皂、洗面凝胶与洗面乳三大类。就像肌肤保养一样，必须根据自己肌肤的油脂分泌情况来选择。

一般来说，香皂的起泡性和去脂力最强，适合油性肌肤使用；洗面凝胶和含皂类的洗面乳去脂力中等，洗完之后也会感觉很清爽，适合中性与混合性肤质；干性肌肤应该选择含保湿成分的洗面乳；敏感性肌肤，要选择不含皂碱成分的洁肤品。

至于什么时候该用洁肤品洗脸呢？原则上每天早晚各一次就可以了，但是如果因为运动或者天气炎热而出汗很多的话，还可以再清洗一次。使用洁肤品时，正确的清洗步骤是这样的：

(1)洗脸之前应该先将双手洗干净。

(2)取适量的洁肤品涂抹在手心，慢慢揉搓起泡之后，再涂抹到脸上。

(3)洗脸的时候，用指尖画螺旋的方式，由额头顺着脸颊画到唇部及下巴。一边轻轻地进行按摩、一边洗脸，仔细地将整个脸部洗干净。

(4)用清水彻底地冲洗干净脸上的泡沫，特别要注意不要忽略了发际线与耳际等死角。

洗脸的时候还要注意洗脸水。洗脸最好采用温水和冷水交替的方法，也就是说温水清洗面部后进行洗脸步骤，用温水将洗面奶洗去，然后再用冷水冲洗面部。采用这种温水和冷水交替的方法，不仅能达到清洁皮肤的目的，而且通过水温的冷热变换，可使皮肤浅表血管扩张和收缩，增强皮肤的呼吸，促进面部的血液循环，达到美容的效果。

83　怎样卸妆才能卸得干净？

我们常常说上妆容易卸妆难，这就说明卸妆是复杂、困难的一个步骤，也是绝对不能偷懒的步骤。如果偷懒不卸妆的话，会引起毛孔阻塞，皮肤长痘，毛孔粗大；如果妆容卸不干净也会引起一系列问题。如何让自己能更快更干净地卸妆是我们即将讨论的话题。

(1)眼部卸妆：首先在卸睫毛的时候，应该使用含有卸妆

乳的化妆棉，从睫毛根部轻轻挪向睫毛尾部，重复数次，一直到睫毛液被全部清除。然后是眼线，眼线部分可用棉花棒沾上卸妆乳小心地拭去。在卸眼影的时候，可以用化妆棉沾上卸妆乳由眼头往眼尾轻轻地抹去眼影粉，重复数次，直至卸除干净，一定不要太用力，以免伤害皮肤。最后，眉毛部分可以用含有卸妆乳的化妆棉，由眉头至眉尾反复擦几遍直至全部清除干净为止。

(2)脸部卸妆：进行脸部卸妆的时候，一般都选用专用的卸妆油，使用的卸妆油量的多少要根据妆的浓淡来决定。如果之前不是涂抹了多层隔离以及粉底产品，完全可以用卸妆乳液和卸妆啫喱来替代卸妆油，这样不会因为卸妆而去除过多的角质、使皮肤变得脆弱敏感导致变薄、泛红、红血丝增多的后果。在卸妆时最好是手上不要有水，这样卸妆效果才最好。把卸妆油涂在脸上，然后稍稍加水乳化卸妆油，双手画圈按摩后用水清洗，但按摩时间不要太长避免把脏污按回毛孔里，反而会伤害肌肤。卸妆后仍要使用清洁产品清洁肌肤。卸妆油清洁完妆容，有可能因水洗不当而残留在脸上，这时用一般清洁产品再次清洁面部，可达到彻底清洁的效果，不让痘痘有可乘之机。

在卸妆完成后，一定不要忘记选择保湿性强的水和乳霜，及时给肌肤补充水分。

还要记住，即使不涂隔离霜，也需要卸妆。因为空气中的脏东西会跟皮肤的分泌物结合在一起，所以仍然需要卸妆。

84 如何正确进行防晒？

我们知道，紫外线是造成黑色素沉淀、皮肤变黑、黑斑形成、皱纹生成的直接元凶，如果不做好防晒，其他保养工作均为枉然，所以要预防皮肤变黑生斑，最简单也最基本的方法就是尽量减少紫外线照射。

（1）要保护好肌肤，最基本的原则就是避免让肌肤直接暴晒在艳阳下，并使用适合肤质、适合场地的防晒品，再加上适当的防晒措施，如帽子、遮阳伞、长袖外衣等，就能比较有效地阻挡紫外线的伤害了。

（2）选购防晒品还需考虑到防晒品的防水性及使用场合、环境的阳光强度等。在山区或海边等空旷地带活动时，因反射作用比其他场所更强烈，需使用防晒系数高的防晒品来阻挡紫外线，否则会在不自觉中被紫外线侵袭而不自知。

（3）要选择适合自己肌肤的防晒品。油性肌肤应选择渗透力较强的水性防晒用品；干性肌肤应选择霜状的防晒用品；中性皮肤一般无严格规定，乳液状的防晒霜则适合各种

皮肤使用。

(4)要选用适合自己的SPF值。一般类型皮肤的人,SPF值以8~12为宜;对光敏感的人,SPF值以12~20为宜;敏感性皮肤应挑选植物配方的防晒品或是含有二氧化钛的物理性防晒霜。只在上下班的路上接触阳光的上班族,SPF值在15以下即可,以脸部防晒为主;在野外游玩、海滨游泳时,防晒品的SPF值要在30以上,游泳时最好选用防水的防晒护肤品。

(5)除了晒前需要进行防护,对于已经暴晒过的皮肤,要及时做晒后修复。可用冷水或冰水冷敷,或用超声波冷喷20分钟,以降低黑色素与自由基的活性,并补充水分,最大程度地减轻紫外线的伤害。也可使用含芦荟、薄荷等成分的晒后修复产品进行修复。

除了遮阳伞、墨镜、防晒膏和防晒霜,还可以食用滋养肌肤、防止晒伤的食物,帮助人们阻隔烈日的暴晒。人们最熟悉的蔬菜和水果,它们会神奇地转换成防晒物质,而且比防晒霜更持久,因为它们不会被水洗掉。主食里,全麦食品防晒效果最好;蔬菜里,番茄是最好的防晒食品,熟番茄比生吃效果更好,同时吃一些土豆或者胡萝卜会更有效;水果里,西瓜、柠檬、猕猴桃、橙子都有很好的作用。

85 如何通过沐浴进行美容?

沐浴不仅可以让自己的身体变得干净,而且沐浴还可以塑造美人。唐朝杨贵妃、埃及艳后等知名美人,都爱好沐浴美容。因此洗澡不仅是为了干净,它还可以提升新陈代谢,帮助肌肤焕发活力;从深层来说,洗澡是身心洗涤的过程,通过洗澡,还可以沐浴美容,让自己变得更加俏丽。

(1)淋浴:在经过了一天的繁忙工作之后,回到家中我们都愿意简单地淋浴一下,去除满身疲惫,就是这个简单的淋浴,也可以稍稍利用,成为美容的契机。淋浴时,只要在地上滴几滴精油,气息会跟着水蒸气飘上来,热热地包裹着你。早上淋浴可以使用葡萄柚或薄荷精油来提神醒脑,晚上可以选择薰衣草、玫瑰等精油充实舒压。肥厚角质是脸色黯沉的主因。不想被日积月累的老废角质害得脸上无光、又担心磨去一层皮,使皮肤变得更脆弱,就应趁沐浴时用水蒸气软化皮肤,打击角质。淋浴时,将磨砂膏和洗面奶按1:1比例混合,加少量温水调匀,揉搓出泡沫后,轻轻揉搓脸部,有助于去除角质。

(2)盆浴:周末我们有更多的闲暇时间来休息,这时不妨来泡个澡,身体泡在热水中,体温升高,能促进血液循环,帮助体内废料排出,而水中的热度也能活络细胞,通顺毛孔,放

松神经并舒缓压力。泡澡时，可选择敷个面膜，这时毛孔微张，有助于吸收养分，当然前期脸部的清洁是十分必要的。相对于片装面膜，建议选择膏状的，因为泡澡时很容易忘记时间，长时间的敷片状面膜可能会适得其反。为了避免出汗造成的干燥，建议泡澡后也要补充500CC的水分。

泡澡时，还可以选择向热水中加入一定量的物质来美容，比如倒入一定量的牛奶，可以促进血液循环及改善皮肤营养状况，保持皮肤润泽、防止皮肤干裂早衰；还可以把一个柠檬切成薄片，放入棉布袋中，泡澡时使用。柠檬有白皙皮肤、净化排毒的效果，心情好或是周末闲暇时可在浴缸里再撒一些玫瑰花瓣，像SPA一样。

泡澡时，还可以顺便做个发膜，用浴帽罩起来，使头发充分吸收养分，防止分叉毛糙。一段时间的泡澡，水分会把角质层喂得饱饱的，这时不需要猛搓狂洗，只要用磨砂膏进行简单的全身按摩，便可以把全身老化角质去除，使皮肤光滑细腻。

86 如何对头发进行正确的洗护？

头发对一个人的整体形象影响很大，有些人发质黑亮，看起来健康而有光泽，有些人则是枯黄暗淡无光。

头发的护理，应该分为三个方面：分别是养、洗、护。养主要是靠食物来养，这需要多吃有营养的食物，一般不需要特别进补，只要保证饮食的丰富合理和规律就可以了。头发的护理重点还是在洗护。那么如何进行正确的洗护，使自己拥有一头健康、柔润、有光泽的秀发呢？

(1)首先要挑选适合自己的洗发水：挑选洗发水时，最重要的考量是这款洗发水与你的头皮是否契合。洗发水首先要能清除头皮的油垢和汗液的分泌物，其次才是去除发丝上的造型产品残留物和灰尘，所以干性发质油性头皮的人，应选择适合油性发质的洗发水；至于头发的干枯、枯黄等问题，则可交由润发产品去改善。纯天然的洗发水是最佳选择。

(2)洗发前的准备：洗发前最好用梳子把打结的发丝梳顺，洗发时才不容易打结；但是洗发时如果头发不打结则完全没必要用梳子。其次正式洗发前，用专门的头皮护理产品按摩头皮，能帮助因压力或束发而紧绷的头皮获得舒缓，也能起到抑制头皮过量出油的效果。按摩，建议在干发上进行，并且一定要用指腹部位，绝对不能用指甲去抠头皮哦。按摩时，遵循由下往上的顺序，以螺旋状按摩，促进血液循环。

(3)正确的洗发方法：首先要把头发充分打湿，头发至头皮是否湿润，决定了头发是否能洗干净。再将洗发水倒入手心，并加清水稀释，最好能搓出泡泡。然后从枕部和颈部搓起泡往上洗，千万不要将香波原液直接放到头顶洗起，更不要干洗，以避免刺激头顶部的皮脂腺过多分泌。不要用指甲

抓洗头发,应用指腹或手掌轻轻揉洗。冲洗时,要一边注意洗发液残留,一边用水清洗,头朝上或者朝下都可以。但是要注意将耳后、发际线以及太阳穴处冲洗干净。最后涂发膜或护发素,涂抹的时候千万不可以涂抹到头皮处,涂到离头皮10mm的位置就可以了,越往上量越少,想要获得蓬松的感觉,就一定要清洗干净。

(4)洗发后头发的干燥:洗发后不要马上吹风,先用干毛巾轻拍、包裹,将水分吸去一部分,再用吹风机吹;先吹内层头发,再吹外层;不要开到强热挡,尽量用低温吹风;吹风机距离头皮要至少8cm以上。

87 如何去头皮屑?

很多人都有头皮屑的困扰,有头皮屑时头皮总是奇痒难忍,掉在衣服上的头皮屑也会影响个人形象。那么到底该怎么去除头皮屑呢?

首先,头皮屑是一般的皮肤污垢,也就是表皮的角质层不断剥落而产生的,也是新陈代谢的结果,少量头皮屑是正常的。但有些人头皮屑却过多,一是受皮屑芽孢菌的影响;二是由于头皮细胞功能失调,头皮的细胞也如皮肤一样有一定的新陈代谢过程。在基底层细胞增殖后,逐渐成熟往外推出,最后成为无生命的角质层并脱落。如果这个过程出了问题，使头皮细胞成熟过程不完全，即会以片状剥落。

当然还有一些外部原因，比如用脱脂力过强的不良洗发水、饮食不当、饮酒或吃刺激性食物、睡眠不足、精神紧张、营养不均衡、内分泌失调及使用不良美发产品等都有可能产生头皮屑。

针对头皮屑过多的问题，可以从以下几个方面防治：

(1)要注意头皮卫生。经常温开水洗头，一般情况下1周洗1~2次。洗头时不宜使用碱性过强的肥皂，因为碱性肥皂会刺激头皮上皮细胞角化，产生头皮屑。可以使用硫磺药皂或洗发膏洗头。

(2)经常梳头。每天早、晚梳头2~3次，能促进头皮的血液循环，增加头发的营养，有利于头发的生长，减少头皮上皮细胞发生角化。

(3)戒烟、少饮酒，避免吃辛辣和多脂性食物。瘙痒时不要剧烈搔抓和用锐物刮洗。

88 怎样做才能将烫发染发的损害减小？

虽然我们知道经常烫染对头发的伤害很大，但长时间保持一种发型总是会让人厌倦，因此我们经常会对头发进行烫染，但那么，怎样才能将烫染的损害降到最低呢？

染发时应注意：

(1)要注意染发剂的选择。选择染发剂时，要选择正规企业的高质量产品，不合格的染发剂使用后容易导致头发干枯、分叉，甚至过敏、头皮发痒等，建议用浅色染发剂或是褪色快的染发剂，减少对人体的伤害。尤其不要选择永久性染发剂。

(2)染发之前进行适当的准备。许多发廊和沙龙使用的染发剂是加双氧水调配的氧化型，在染发前发型师都会进行头皮的保养与隔离，以免染发剂渗入头皮毛囊，因此染发前一天不要洗头。初次染发者应当做皮肤过敏试验，以免引发过敏反应和过敏性皮炎。染发之前应先检查头皮，如果有伤痕、疮疖、皮炎，最好不要染发。高血压、心脏病患者和怀孕、分娩期间的女性也不要染发。

(3)染发时还要注意，一般的染发周期不要过于频繁，一年不要超过两次。染发时，一般染发剂不直接涂在头皮上，离头皮1~2mm。补染时不要将品牌混用，以免染发剂之间起化学反应，生成有毒物质。

(4)染发后注意事项：染发后要进行一定的护理，做到染护结合,并针对自己的发质选择合适的产品。

烫发时应注意:烫发前要检查一下头发和头皮的健康状况。如果头发、头皮有损伤就不应该烫发,以免给它们带来更严重的刺激,使头皮出现炎症。

经常烫发的人,头发质地势必会受到影响,因此大家一定要注意对头发的护理。不希望自己头发受损的人一定要选择一款质量上乘的烫发药水,有轻微损伤的头发,应经护理处理后再烫发。一般来说,烫发周期为 2 个月,不要频繁烫发。

烫发和染发一样,都会对头发有一定的损伤,要定期做专业焗油护理,最好是一个月 2 次,这样秀发才能保持健康。

89 如何对手部进行护理?

由于双手在日常生活中担当着分量最重的劳务工作,所以手部的肌肤是全身最容易受到伤害的肌肤之一。尤其是女性,双手因为经常做家务,接触水、洗洁精和其他污垢,容易产生粗糙、蜕皮及龟裂等现象。到了冬天这种情况会更加严重。

因此要细心地呵护手部的肌肤。

(1)从事洗衣服或洗碗等需要接触水的家务时,务必戴上防水手套。

(2)在寒冷的冬天,出门的时候要尽量带上手套。骑机动车或者是开车的时候,更需要戴上手套,以免紫外线的伤害造成手背肌肤的老化。我们经常看到公交车司机常年戴手套,这样可以防止常年握方向盘造成的皮肤磨损。

(3)尽量使用中性清洁剂洗手,每次洗手时要将清洁剂完全清洗干净,擦干手之后再涂抹护手霜。使用护手霜的时候要特别注意不只是手背,手心、手指与手指间都要仔细按摩、涂匀。

(4)平时保养面部肌肤的时候,也可以将双手一并擦上化妆水、乳液等。在每周进行面部加强保养时,如去角质、敷面膜,也可以将手一起进行保养。

如果你的手部肌肤特别粗糙、严重干裂,那么每周可以对手部进行特别护理。比如可以将手浸泡在橄榄油或者杏仁油中半个小时,然后用湿布稍微擦干之后,从指尖往手腕的方向进行按摩,接着再按摩手心以及手背,按摩完之后,可以先用保鲜膜将双手包裹住,然后再用热毛巾裹住,过一段时间用温水洗干净,或者是带上纯棉手套,隔天再用温水洗净就可以。

90 如何对脚部进行护养?

因为凉鞋的流行,美美的双脚也成了女人性感的一部分。因此,很多女人会为自己的脚趾甲涂上靓丽的指甲油。足部的护理也越来越受到重视,以下是简单的足部护理步骤:

(1)清洁浸泡。首先要去除足部的硬皮。先将双脚洗干净之后,把其浸泡在温水中,可以促进血液循环,同时可以借助水温软化足部的硬皮。还可在温水中滴入具有杀菌和舒缓疲劳功效的茶树精油等,或者先将含有消炎、抗菌等成分的爽足粉倒入温水中溶解后再浸泡。

(2)磨砂美白。双足在经过浸泡、达到软化硬皮与脚趾甲的目的之后,接下来就可以修剪脚趾甲,将脚趾甲边缘修剪整齐、磨平、打光,然后再视脚后跟皮肤硬化的程度,使用足部磨砂膏或者浮石。一般而言,如果脚后跟的皮质较厚较黄,选用含颗粒的去角质产品就可以了;如果整个脚底的角质堆积厚重,甚至严重得发黑,那么就应该借助磨砂工具,每周进行两次磨除角质,才能慢慢地将厚重的角质清除。

(3)滋润、舒缓与按摩。把双脚擦干后,涂上清爽的乳液,让足部获得滋润并保湿。涂抹时应从脚尖缓缓往上按摩,别忘了将脚底与脚背也进行按摩,这样还可以消除脚部的疼痛与紧绷,改善疲劳与肿胀、舒缓静脉曲张。

(4)脱毛美净。别忘了对腿部的毛发进行简单的处理。可以先用爽身粉吸收腿部的多余水分,再用天然的脱毛蜜或者棉布来脱毛,当然还可以使用脱毛机。不管是使用哪种脱毛方式,之后都应该擦上滋润保湿乳液,来镇静滋润腿部的肌肤。

(5)干爽去味。随时保持脚部的干爽。脚部容易出汗的人,可以使用粉状的鞋内爽身粉或干爽乳液来有效吸收汗水、隔离异味以及湿气。

91 如何根据季节不同进行肌肤的保养?

皮肤的保养也是要换季的,因为随着季节的流转,我们的皮肤状况也跟着转变。一年四季的温度、湿度与紫外线的变化很大,如同选择衣服一样,保养品也必须有所调整。

(1)春天。春天是万物新生的季节,也是让肌肤苏醒的最佳季节。一般而言,平日要做好彻底的清洁,控制肌肤出油并预防细菌、灰尘的沾染,再根据个人的肤质选择基础保养品与防晒品,就足以应付春天的天气变化。如果想让肌肤更加有活力，可以适当按摩增加肌肤的血液循环，使新陈代谢功能更加顺畅。

（2）夏天。清洁、控油、防晒与美白是夏天肌肤保养的必需步骤。夏天天气干燥，出油、出汗会让面部肌肤更容易藏污纳垢。尤其是油性肌肤，往往会因为清洁不彻底而形成青春痘与粉刺。每天早晚洗脸后，可以在额头、鼻梁与下巴处使用控油产品，然后再擦上清爽型的保湿精华液、凝胶或者乳液，每周至少去角质 1 ~ 2 次，并根据自己的肌肤状况在容易有粉刺的局部肌肤或者全脸使用清洁型的面膜。另外，无论是在室内还是室外、阴天还是晴天都要做好防晒和美白的准备。

（3）秋天。秋天是处于夏天跟冬天的中间季节，除了要兼具防晒、美白与保湿之外，最重要的是要预防肌肤因为湿度、温度的降低造成的季节性过敏现象。要改用比较温和的清洁用品，每周要做滋润型的按摩，减少去角质的次数。此外，秋天是美白的最好季节，可以在洗完脸、拍完化妆水之后，直接使用美白精华液或者美白乳液。

（4）冬天。冬天温度降低，皮肤油脂的分泌量也会减少。双唇与眼睛四周就容易出现干燥与小细纹，而且干性肌肤更容易出现蜕皮、细纹等现象。保湿与滋润能让肌肤达到水油平衡，这是冬天肌肤保养的最重要的步骤。每周可以做 2 次保湿面膜，或者只要肌肤感到特别干燥的时候就可以做保湿面膜。

92 如何根据年龄的不同进行肌肤的保养？

人的肌肤会随着季节的变化而发生变化，当然也会随着时间的变化而发生变化。不同的年龄阶段，肌肤护理有不同的问题与方法。

（1）青春期的肌肤。大约 14～18 岁的青春期的肌肤，面临的最大的问题就是皮油脂分泌过盛以及荷尔蒙的分泌量增加所引起的出油、粉刺与青春痘。保养的重点就在于彻底的清洁，除了每天早晚正确使用洁面用品外，每周可以固定使用深层清洁型的面膜与去角质的产品，确保毛细孔的畅通无阻。当然要避免过度去除皮油脂，以免因为皮肤干燥而导致皮肤提早老化。

（2）成熟肌肤。过了青春期之后，25 岁左右的肌肤正处于不稳定的急剧变化期，因为荷尔蒙分泌过盛，加上工作的压力、长期的化妆、忽略正确的保养方法等，还是会产生各种肌肤问题。这时首先要认清楚自己的皮肤状况，判断哪些步骤对自己是必要的。还要针对自己的肌肤选择不同功能的精华液，要善于运用眼霜与唇周修护霜，一年四季都要做好防晒。

（3）熟龄肌肤。三十岁以后的皮肤可以说是面临老化转变的时期，由于这个时期细胞的新陈代谢与再生的速度会降低，皮肤细胞开始慢慢退化，肌肤容易晦暗、没有光泽、出现细纹、斑点、缺水、缺乏弹性等，要使用乳液等保湿滋润用品。另外，每周可以定时进行按摩来促进血液循环，增强其带氧功能；要使用高效的紧肤抗皱精华液或者滋养霜，促进皮肤再生。

(4)老化皮肤。45岁左右，皮肤开始进入老化期。无论身体的哪个部位都会有很明显的变化。这时要利用一些高滋养、高效的精华液、滋养霜、面膜与眼霜等产品，极力抵抗干燥与促进皮肤再生，并且维持正常的饮食、运动与作息规律，以维持身体的健康。还可以补充一些维他命A、C、E等具有抗老化功能的维他命与矿物质。

93　过敏性皮肤应该如何选择化妆品？

春秋季节交替的时候，过敏的症状多发，有着过敏性皮肤的人总是非常煎熬。过敏性皮肤的人群，在使用化妆品的过程中，稍有不慎，皮肤就会出现过敏症状，那么，敏感性皮肤到底该如何选用化妆品呢？

(1)敏感性的皮肤最好选用纯天然的植物护肤品。在购买前，应先用试用装在耳后涂抹做皮肤试验，经过12小时观察，无过敏症状后才可放心使用。

(2)敏感性皮肤的人群应该尽量避免使用药物化妆品，

使用后容易引起黑色素积聚等一系列问题。如果选用了合适的化妆品,最好不要随意改变惯用的化妆品品牌,因为皮肤需要适应新的化妆品,随意更改的话,很容易出现过敏。

(3)过敏性肌肤在选用清洁类化妆品时,最好选择含有温和表面活性剂成分的柔和抗敏感洁面产品,因其脂质和保湿因子的含量较高。要避免使用具有碱性成分的护肤品,也不要使用清洁力太强的产品,因为这些都会损害本身就脆弱的皮肤。建议选择低泡的洁面产品,而且清洁次数也不要太频繁。鉴于敏感性肌肤角质层较薄,磨砂膏、去死皮素等产品一定要敬而远之。

(4)要选择不含酒精、香料和防腐剂的产品,避免其对皮肤造成伤害。由于敏感性皮肤表层较薄,缺乏对紫外线的抵抗能力,容易老化,所以日常也要注意防晒产品的使用,而且防晒产品最好不要直接涂在脸上,而是在进行基础护理后,再在脸上使用。

(5)敏感性皮肤的角质层较薄,不易锁住水分,具有这种肤质的人,会很容易感受到皮肤的缺水干燥。因此,日常保养中加强保湿非常重要,除使用含保湿成分的化妆水、护肤品外,还应定期做保湿面膜。

除此之外,敏感性肌肤还不能过分滋养,对于敏感性皮肤来说,高浓度、好效果就是高风险。

第五章　健康运动小贴士

94 如何根据自己的需要选择健身项目？

健身锻炼可以增强自身体质，但是健身不应该是盲目的，而是要根据自身的状况选择适合自己的健身项目和器材，只有这样才有助于自身的健康，那么到底该如何正确地选择健身项目呢？下面我们根据不同的年龄层对健身项目的选择提出一些建议：

（1）儿童、少年时期：这个时期孩子的身体发育处于旺盛期，但是体质又相对较稚嫩，所以在选择健身项目时应当以促进身体发育为主，比如游泳、远足、跑步、体操、球类项目等。这个时期不可以进行高强度的健身项目，因为不利于儿童的生长发育。

（2）青年时期：青年人，体质处于血气方刚的阶段，可以选择的健身项目也很广泛，可以根据未来的发展需求自主选择适合的健身项目。比如，女孩为了塑造形体，可以选择瑜伽、健美操等项目；男孩喜欢锻炼肌肉，更偏向于选择哑铃、壶铃等举重器械和弹簧拉力器、滑轮拉力器等力量练习的训练器材，还会选择自行车、跑步机等有氧训练活动。

（3）中年时期：中年人的事业生活都进入成熟期，但是身体素质也比青年期有所下降，所以，这一时期的健身项目主要以增强自身体质为主。可以选择一些适合家居健身、室内健身的项目和器材，如跑步机、划船器、走步机、健骑机等。

（4）老年时期：老年人的各项身体机能有所衰弱，所以应该更加重视锻炼身体，可以选择一些放松性更强的健身项目，如气功、太极拳、健身操、健身舞、走步等。也可以进行一些健身性按摩。

95 季节不同怎样选择健身项目？

不同的季节我们在选择健身项目时必定有所不同，根据不同的季节，选择最适宜的健身项目，才能达到更好的锻炼效果。

春季：春季是万物生长的季节，但刚进入春季的时候，人体还处于寒冬时的紧张和僵硬感中，身体的各个器官还处于最低水平,这时候应采取舒缓的健身项目,可以选择健步走、慢跑等舒缓的有氧运动。慢跑不仅可以减肥,而且可以改善循环系统功能,增强体质。健步走能提高人体平衡性和心肺系统功能。放风筝也是春季里大家最喜欢的运动之一,既锻炼手、肘、腰、腿、臂等多个部位,还可以通过远眺消除眼部疲劳。选择打太极、骑自行车、踏青郊游等锻炼方式也很相宜。

夏季:夏天,烈日炎炎,稍微运动一下都会出汗,这时进行健身运动要保持适度的运动量,时间也要适宜,并且要避免剧烈高强度的运动,还要注意劳逸结合。游泳具有减肥、降低胆固醇、增强心血管功能等作用。夏季是游泳的最佳季节,在炎热的季节里,尤其适合户外游泳。户外游泳不仅可以促进肌肉血管收缩,同时,有利于促进身体吸收维生素,对皮肤的健康很有好处。但游泳所消耗的体能较大,心脏病等疾病的患者要听从医生建议,以免发生意外。瑜伽也是夏日健身的好方法。适合夏季的健身项目还有羽毛球、健身走等。

秋季:秋高气爽,温度适宜,但是气候变化大,所以应该做一些有利于增强抵御能力的运动。如登山,登山时,随着高度在一定范围内的上升,大气中的氢离子和被称为“空气维生素”的负氧离子含量越来越多,加之气压降低,能够促进人的生理功能发生一系列的变化,对哮喘等疾病还可以起到辅助治疗的作用,并能降低血糖,增高贫血患者的血红蛋白和红细胞的数量。

冬季:由于冬季寒冷,身体的脂肪含量较其他季节有所增长,体重和体围相应增加。因此,冬季健身要提高锻炼的强度和力度,增加动作的组数和次数,同时增加有氧锻炼的内容,相应延长锻炼时间,适合冬季的有氧锻炼项目主要有慢跑、溜冰、骑车、登山等。

96 男人如何锻炼腹肌?

想要练好腹肌,不是一朝一夕的事情,需要耗费大量的时间和耐心,需要长时间的坚持。一般锻炼腹肌的方法有以下几种:

(1)举腿卷腹:仰卧在地板上,下背部紧贴地面,双手放在头侧,手臂打开。双腿抬起与上身呈 90 度,双腿交叉,膝关节微屈。呼气,收缩腹肌,抬起上身,下背部不能离地,保持 2 秒钟,然后慢慢回到开始姿势。要注意保持下颌向胸前微收。

(2)反向卷腹:仰卧在地板上,下背部紧贴地面,双手放在身躯两侧,双腿抬起与上身呈 90 度,双腿交叉,膝关节微屈。收紧腹部肌肉,然后呼气略微抬起臀部,下背部略微离地,保持 2 秒钟,然后慢慢回到开始姿势。

(3)传统卷腹:仰卧在地板上,下背部紧贴地面。双手放在头侧,手臂打开。双腿平放在地上并屈膝。下颌向胸前微收,收缩腹肌,呼气抬起上身,下背部不能离地,保持 2 秒钟,然后慢慢回到开始姿势。

(4)健身球卷腹:平躺在健身球上,双脚平放地上,双手放在头侧,手臂打开。下颌向胸前微收,呼气,收缩腹肌抬起上身约 45 度,保持 2 秒钟,然后慢慢回到开始姿势。为了保持平衡,两脚可以多分开些。如果想增加难度,可以将双脚并起来做。

(5)空中登车:仰卧在地板上,下背部紧贴地面。双手放在头侧,手臂打开。将腿抬起,缓慢进行登自行车的动作。呼气,抬起上体,用右肘关节触碰左膝,保持姿势 2 秒钟,然后还原。再用左肘关节触碰右膝,同样保持 2 秒钟,然后慢慢回到开始姿势。

97 女人如何锻炼“马甲线”?

说起马甲线,我们不禁要问,什么是马甲线?马甲线是平坦腹部的最高境界,多指女生的腹部没有赘肉,并且有肌肉线条,特别是在肚脐两侧两条直立的肌肉线,看起来很像马甲,因此被称为马甲线。锻炼马甲线的方法有以下几种:

(1)平躺抬腿,收小腹:身体平躺,双手掌心向下到臀部下方保护尾椎,双脚并拢伸直进行举高的过程中,脚的高度不超过 45 度角持续保持悬空。

(2)腹部用力伸展,强化肌肉群:维持抬头抬胸状态,让手轴与膝盖交叉相碰,以仰卧起坐姿势双脚屈膝但脚掌离地,让右手轴轻碰触左膝盖再相反做一次为一单位,过程中不是只有上半身做转体变化,膝盖也要轮流靠近手轴做碰触。

(3)斜侧扭转,缩腹运动:斜放双脚进行仰卧起坐,需将屈起的脚倒向左侧或右侧,以这一姿态进行仰卧起坐,数次结束再换边进行。

(4)左右摆动,屈膝缩腹:抬直腿部以手指尖碰触脚趾尖,双脚要并拢垂直抬高,腹部用力抬起上半身以双手指尖同时触碰脚尖,然后马上躺回紧接着继续。可以配合瘦身腰带进行锻炼。

还要注意,运动中,当肌肉收缩到最大限度时,动作要稍微停顿片刻。另外,进行腹部运动时,要调整饮食习惯与配合有氧运动,在没有消耗身体脂肪状态下运动是事倍功半的。

98 怎样才能练好太极拳?

太极拳是一种调节气血、调动人体潜能、攻防兼备的内家拳。太极拳不仅具有强身健体的功效,而且还是防身自卫的好方法。

任何人都可以学习太极拳，但并不是什么人都能练好的。好动、心不静、私欲心强、争强好胜的人都不适合练习太极拳，因为心不安是太极拳的致命弱点，当然上面提到的几种人如果想改掉自己的心性，倒是可以试试选择太极拳。

想要练好太极拳就要了解太极拳的特点以及与其他拳种的异同。太极拳跟其他拳种一样讲究速度，但太极拳的速度主要体现在两个方面：一是在接手时要求后发先至，一是在粘黏连随中有触而发。

太极拳的要领有很多，但最基本的有三项，那就是心静、体松、周身协调。练拳之前心必须静，把心收在当下，站住身，定住神。同时练拳的时候要放松身体的肌肉跟关节，只有放松下来身体，在运动中气血才会畅通。还要注意身体的协调，做到动静自然，也就是说不管外力是怎样变化的，都要保持顺势。

多数的拳法都讲究下盘稳，太极拳也不例外，要做到脚下生根，才能够随时接招。

练好太极拳，自身要具备几个基本条件：

(1)反应敏捷。

(2)有极强的平衡能力。

(3)步伐变换要快,跟得紧,在稳住自身的同时,还要控制对方。

(4)要做到退中有进,让中有区。

(5)既要有凝聚力,又要有爆发力。

太极拳是道家的拳法,因此应该加强对其精髓的理解,了解太极拳,了解自己,就能练好太极拳。

99 练太极有哪些好处?

日常生活里,很多人都在练太极拳,那么练太极到底有什么好处呢? 总结起来,主要有以下几个方面:

(1)太极拳具有健身的作用。太极拳通过意念、呼吸、动作的配合,促进大脑神经细胞功能的完善,使人体神经系统兴奋和抑制过程得到协调,对精神创伤、神经类疾病,如神经衰弱、失眠、高血压等有较好的防治作用,同时还具有改善神经系统的作用;二是太极拳通过缓慢、细长、均匀的腹式呼吸,使人体肺部的氧气充足,肠胃得到蠕动锻炼,增强消化和排泄机能,而且太极拳动作舒缓,全身肌肉放松,使心脏得到充足供血,又不会加快心率,具有增强心脏功能、改善循环系统、扩大肺活量的作用;三是提高人体的平衡能力,防止骨质疏松;四是具有健美作用。

(2)太极拳可以陶冶情操、修身养性。太极拳要求动静结合，在练习过程中要思想集中，处于平静状态。练拳时要求心静、体松，环境清静，二者统一在静中，在静中进行活动。练拳时身体各部位自然舒展，在心理上保持安静状态，练拳后感到轻松愉悦，必然就变得心胸开阔，豁达乐观。尤其在现代社会，人们生活节奏加快，人际关系比较紧张，心情急躁，感情容易冲动，而太极拳活动持久、有耐力，从而增强自我控制力，使情绪稳定。随着年龄的增长，人的身体机能状态和心理状态会发生自然的衰退，这是谁也无法抗拒的自然现象，太极拳不仅能减缓身体的衰老，而且使精神世界青春永驻。

(3)太极拳还具有防身的作用。虽然现在大家练习的太极拳以养生为主，但在防身方面也有一定的作用。在防身作用中，以柔化为主的太极拳，遇到对方用力打来的拳头，不是本能地见招打招立即还手抵抗，而是先化后打。在遇到外力来袭时，通过所学保护自己不受伤害，也是练习太极的用处之一。

100　瑜伽真的可以减肥吗？

瑜伽作为一项近年来新兴的健身项目，备受大家关注，很多女生也喜欢做瑜伽塑身，那么瑜伽是否像大家期待的那样，具有减肥的功效呢？

(1)瑜伽可以消耗热量。瑜伽有很多的体位变化姿势，由姿势配合深长的呼吸，由呼吸达到静心。练习时，首先强调的是每一个姿势必须做到练习者个人的极限，且使姿势保持2～3次深呼吸的时间。人体在完成每一个非常规体位或姿势并保持状态时，都会消耗一定的热量。

(2)瑜伽可以调整内分泌。如果人的新陈代谢发生障碍，人就会不停地吃东西还没有饱胀感，如此下去身体必然会增重。瑜伽可以通过调整深呼吸节奏和纠正脊柱的形态来达到抑制进食的兴奋，使进食需求与热量需求相一致，进而调节内分泌。

(3)瑜伽可以引导正确的膳食取向。比如每天练习对关节韧带柔韧性要求较高的瑜伽动作时，练习者会发现：如果动物脂肪等高热量食物摄取过多(血液呈酸性)，关节韧带就会酸痛，不能很好地完成动作。反之，以蔬菜水果为主的饮食(碱性食物)，能使关节疼痛减轻。所以，一个人如果喜欢上了瑜伽，便会逐步偏向选择蔬菜、水果等食物，从而使自己的膳食既营养丰富又热量较低。久而久之，成为良好的生活习惯，减肥之后体重不会反弹。

(4)瑜伽可以改善负面情绪。瑜伽作为一种新兴的健身运动方式日益普遍，就像有的人心情不好会去跑步一样，也会有人开始选择瑜伽。因为，通过瑜伽进行锻炼，能够让自己的心理平和，还可以释放各种工作与生活中的压力，内心会变得充实而愉悦。

101 瑜伽练习时有哪些注意事项？

练习瑜伽时常常会出现肌腱、韧带、骨骼以及软骨等的伤害，而出现这些伤害的原因有：自身的健康状况不能满足锻炼的需要，超出自己身体的极限；没有进行热身练习；练习的技巧使用不恰当；还有可能是压力太大，无法集中精力进行锻炼，走神造成的伤害。

因此瑜伽练习时应该注意以下几点：

(1)练习瑜伽时不要过分强求动作的到位，只要你尽力去伸展就可以，千万不能勉强自己。

(2)瑜伽运动结束后，也要像其他运动一样，对身体要进行轻柔按摩，缓解一下锻炼后带来的酸痛感，如果疼痛感严重，可以采用冰敷的方法。

(3)在练习的时候，最好要保持空腹练习。

(4)瑜伽练习要适度，不要透支体力，强行坚持。练习的过程中如果感到不舒服，要立即停止锻炼，避免对身体造成更大的伤害。

(5)除非特定的呼吸法要求，在练习的时候，要使用鼻子呼吸法。

(6)瑜伽的动作一般是从一个姿势开始,慢慢进入另一个姿势,要用心体会姿势转换的过程,在达到要求的姿势后,要尽量保持姿势。

(7)如果身体有旧疾或者有旧伤,要先咨询一下医生,正式练习之前一定要进行放松练习,准备活动的时间可以做得长一些。

102 办公室一族应该如何选择瑜伽?

办公室一族需要长时间伏案工作,会经常出现颈肩背疼痛等问题,做瑜伽对于这些会有一定的缓解作用。下面我们介绍几个适合在办公室做的瑜伽姿势,只要有一把椅子,就可以。

(1)幻椅式变体:坐在椅子的边缘,保持骨盆的中正,双手在胸前互扣,呼气,前推伸直手臂,下一次呼吸时,两手臂伸展向上,臀部坚实下压的同时,随着每次的吸气向上延伸手臂。有颈痛的朋友,要弯曲一点手肘,让肩的上方尽量保持轻松的感觉。

(2)牛面手式:坐在椅子上,吸气时,将右手臂伸展向上,呼气时屈肘,并将右手下压向两肩胛骨之间,再将左手去抓右手,双手在背后互扣,保持呼吸 8 ~10 次,换边做另一侧。

如果双手无法扣住，可以用带子辅助。

（3）鸟王式：将左腿抬起叠放在右腿上，并将左脚绕过右小腿，同样，将左手肘叠放在右手肘上，再将双手腕缠绕，大拇指指向鼻尖，保持骨盆和双肩中正不变。保持呼吸8~10次，换边做另一侧。有肩颈痛或者肩部柔韧性不好的朋友，双手可以改为合十，双腿不用交叉钩住，上方的脚点地即可。

（4）双手背部伸展式：双手在背后互扣伸展，尝试将两肩胛骨向中间靠拢，如果感觉两手臂不一样长，就尝试主动伸展相对短的那一侧，这主要是由双肩打开的程度不同造成的。保持呼吸8~10次。肩前侧较紧的朋友，可以把手分开放在椅子的扶手上进行伸展。

（5）开肩式：将双手十指互扣，手肘分开与肩同宽，吸气时可以延展脊柱，呼气时，下压双肩和手臂，保持肩胸背与地板平行，注意不要塌腰。要注意避免在下压肩膀的过程中弹动身体。

103　如何选择适合自己体质的运动项目？

现在许多人已经认识到运动的重要性了，也在积极地参加运动。但运动锻炼应因人而异，像医生给病人看病一样，一张处方不会适合所有的病人。

那些身体瘦弱、脂肪少、肌肉力量不强、体力不佳的人，

往往内脏器官也不太强健。这些人运动时，应该先慢慢增强体力，可以选择太极拳、气功、八段锦、徒手操、散步、快步走、慢跑等运动，逐渐强化肌肉力量、持久力及身体柔韧度，然后再进行力量训练。有些人看起来瘦弱，但却有很多脂肪，肌肉力量和内脏器官的功能往往也不太好，这类人适合步行、爬楼梯、跳绳、游泳等能促进脂肪燃烧的运动。

对于体重在标准范围内，但其上臂部、臀部以及腹部到大腿的脂肪超过标准的人，只要肌肉和关节没问题，可参加任何运动，如打球、游泳、骑马等。

脑力劳动者最好在室外健身，充分利用日光和新鲜空气的保健作用，可以选择散步、慢跑、游泳、广播体操、太极拳、气功等。

体力工作者需要的是全身性活动，因为不少工种需要长期保持某种固定姿势，或只是身体某些肌群在活动，容易产生局部疲劳、劳损甚至职业病。建议这类人参加长跑、打球、游泳、武术、体操等，以达到全身锻炼的目的。

104 运动前怎样进行准备活动？

运动前如果不做热身活动，往往会发生肌肉拉伤、关节扭伤等损伤事故。所以运动前要做好充分的热身准备活动，使身体放松并且逐渐适应运动的状态，然后才能更好地投入到运动中去。下面介绍几种简单的准备活动方法：

(1)背部伸展。双手手指交叉握住，并且尽量往前伸。重复做几次后，很快就可以感觉到肩膀和背部的伸展。

(2)腰部伸展。双脚张开，与肩同宽。左手叉腰，右手向上高举过头，上半身向左弯。这个动作须保持 15 秒，而且做的时候一定要面对正前方，然后，再换举左手，并重复同样的动作。

(3)胸部伸展。双手在身体背后交握，并且慢慢往上举起，重复几次后，你会感到肩膀与胸部的伸展。

(4)拉大腿筋。用单脚站立，膝盖微弯，另一只脚则用手往后拉，做这个动作须注意双膝并拢、臀部往前推。然后双脚互换再做一次。

(5)拉小腿肌肉。将右脚弯曲，左脚往后打直成弓箭步，注意后脚脚掌仍须完全平贴于地面才可以。然后换脚并重复同样动作。

(6)活动脚踝关节。双脚打开比肩稍宽，右脚不动，左脚脚跟着地，脚尖翘起后再放下，重复同样动作，换脚再做一次。

(7)活动颈部关节。双脚平行放好，身体放松，颈部左右转动。

105 睡前哪些运动有助于睡眠?

睡觉前做点小运动,更有助于提高睡眠质量。

睡觉前做运动最好是舒缓的,如可以在小区、校园或者公园里散步半小时,让胃里的食物尽快消化。

可以在地板上、床上做简单的瑜伽伸展运动,白天疲惫了一天,身体相对僵硬,这样可以起到舒缓神经、放松肌肉的作用。

可以做头部的按摩,比如太阳穴、百会、风府等,你还可以直接用木梳依次梳头,要梳 200 次,使头部血液通畅,有助于睡眠。

可以睡觉前在床上做腹部按摩和足底按摩,人的脚底有很多穴位,泡脚跟按摩都会让人感到很轻松,能有助于睡眠。

可以双手互搓,首先手心互搓,然后手背互搓,手指交错互搓。手上是穴位密集分布的部位,经常搓搓,对身体相应的部位能起到很好的保健作用。

可以用冷水擦身,有利于促进血液循环,刚开始会有点不适应水温,慢慢地就会觉得很舒服,有利于预防心脑血管疾病,但是要注意的是,时间不宜过长。

可以弯腰触地,呈站立姿势,弯腰手触地,腿部不能弯,这样可以提高脑血管的抗压力,对偏头痛有很好的缓解作用。

可以仰卧呼吸，放松仰卧，吸足气然后慢慢吐出，这样可以运动全部内脏，使血管神经得到缓和而有节奏的运动。既有利于消食化痰，也有利于安稳睡眠。

106 如何训练自己的柔韧性？

柔韧性训练是一种很柔和的运动，使身体上每一处肌肉和关节都得到有效的放松。

有个名词叫“拉伸的临界点”，也就是指进行柔韧练习某一个部位时直到拉伸的肌肉产生轻微的疼痛，到达这个点肌肉就有可能被拉伤。所以要注意，无论选择哪种柔韧练习，到了拉伸的临界点时就应该停住 20～30 秒不动。如果感觉很疼就得往回收一点，直到疼痛感消失。当然，这时要尽力保持正常的呼吸节奏，最后达到身心完全放松。柔韧性训练方法就具体形式来讲有两种，一种是主动练习法，另一种是被动练习法。主动练习法是指练习者依靠自己的力量使肌肉拉伸，加大关节活动的灵活性；被动练习法是指练习者通过他人的帮助，借助外力使肌肉被拉伸，并使关节活动的范围增大。

那些从未进行过柔韧性训练的人，应遵循各种注意事项。因为如果动作的幅度过大，随时可能拉伤自己的肌肉。初学者首次进行柔韧性练习时，应从使自己感到疼痛的临界点往回放松点的地方开始，每一个拉伸姿势保持20秒钟不动即可。对身体各组肌肉的练习亦只需重复一次。从此起点开始，逐渐延长每个动作的时间，并且逐渐增加强度。如果你做到了这一步，就可以重复一遍该动作。

107 中长跑的时候怎样调节呼吸的节奏？

中长跑属于有氧运动，有氧运动需要消耗大量的氧气，所以中长跑运动员的呼吸十分重要。同时，由于中长跑过程中，人体消耗能量大，对氧气的需求量也大，因此，掌握正确的呼吸方法是很重要的。

中长跑途中，为了加大肺的通气量，呼吸时采用口鼻同时进行呼吸的方法。呼吸节奏应和跑步节奏相配合，一般采用两步一呼、两步一吸，或三步一呼、三步一吸的方法。呼吸时要注意加大呼吸深度。

中长跑时，由于氧气的供应落后于身体的需要，跑到一定距离时，会出现胸部发闷，呼吸节奏被破坏，呼吸困难，四肢无力和难以再跑下去的感受。这是中长跑中的正常现象。当出现这种现象时，要以顽强的意志继续跑下去，同时加强呼吸，调整步速。这样，经过一段距离后，呼吸会变得均匀，动作重新又感到轻松，一切不适的感觉就会消失。要注意，呼吸时嘴不要张得太大，否则，吸进冷气会肚子痛。前面 20 分钟不用刻意强调，就是自然呼吸，速度上来以后就是腹部吸气加鼻吸，三步一吸，然后鼻出气，呼吸根据个人的疲劳情况及身体状况调整。

108 剧烈运动后怎样进行放松？

健身运动后的放松又叫休整运动。专业运动员为了加强训练效果，都很重视训练后的放松。放松可以加强训练质量，对训练计划的进行是有力的保证。而大众的群体休闲运动后的放松，重视的人却很少。

（1）放松时要注意补充水分。人在运动的过程中体内水分消耗非常快，如果不及时补充水分，容易造成"脱水"等现象的发生。

（2）上肢的放松活动。身体站立，双腿自然叉开的同时微微弯腰，使上肢自然前倾下垂，双肩双臂反复抖动大约 1 分钟，至双臂发热为止。抖动的同时，可以活动一下手腕和手指，效果更佳。

（3）下肢的放松运动。保持身体呈仰卧姿势，向上举起双腿，同时用双手拍打、按摩双腿，脚尖稍稍用力颤动大腿和小腿，顺带颤动臀、腹、腰部等。

(4)全身的休整运动。双膝弯曲，上身向前倾，使双手扶地，此时充分运用气息，深吸气于胸，然后气沉丹田。如此反复几次，然后上肢慢慢地抬起，直立，直至脉搏恢复正常值。

训练后的放松有三点小建议：

(1)剧烈运动后，不要马上去游泳或进行冷水浴，否则容易导致冷过敏，引发感冒。

(2)夏日酷暑，剧烈运动后，不宜马上大量饮水或吃冷食，运动后应当少量多次地喝些温开水和淡盐水。

(3)大运动量活动之后，不要立即坐下休息，最好走一走，抖抖肌肉，调整一下呼吸。

109 运动过程中关节损伤应该怎么办?

在运动健身的过程中，我们偶尔会出现一些运动损伤的情况，如果能够增强自我防护意识，很多运动损伤是完全可以避免的。

(1)受伤后应如何进行正确的早期紧急处理。正确的做法是立即停止运动，进行休息，避免伤势的加重，减少由于继续运动所引起的疼痛、出血或肿胀。如果损伤严重，应立即停止一切活动，用一切可用支架具固定关节。如果受伤较轻，可固定两三日，防止病发症的发生和进一步的损伤，促进康复；如果受伤较重，则需要固定更长的时间。切忌过早地活动患部，否则不仅会出现出血等症状，还可能使其机能损伤进一步加重，恢复时间拖得更长。

（2）冷敷在应急处置过程中是效果最为明显的。因为冷敷可以减少患部血流，减轻肿胀，减少炎症物质释放，减轻疼痛和痉挛，冷敷的材料包括冰块、冷水等一切可利用的材料。

（3）加压。在几乎所有的急性损伤中都是采用加压包扎的方法，可以结合冰敷，用绷带将冰包固定。加压包扎可使患部内出血及淤血现象减轻，还可以防止浸出的体液渗入到组织内部，并能促进其吸收。

（4）抬高。抬高是把受伤的部位抬高到比心脏高的位置。同冷敷、加压一样，抬高对减轻内出血、减轻肿胀也是非常有效的。不仅可以减轻通向损伤部位的血液及来自体液的压力以促进静脉的回流，患部的肿胀及淤血也会因此得到相应的减轻。

当然，关节损伤的情况千变万化，治疗方案也存在个体差异，必要时要紧急送往医院，进行及时的救治。

110　运动过程中肌肉拉伤应该怎么办？

肌肉拉伤是体育运动中最常见的一种肌肉损伤。肌肉损伤的症状与肌肉拉伤的程度有关。如果是细微的损伤，症

状较轻,伤害不大;但如果是肌纤维完全断裂,那么就比较严重了。一般表现为伤处疼痛、局部肿胀、肌肉紧张或抽筋、有明显的压痛、摸上去发硬。当受伤肌肉做主动收缩或被动拉长时疼痛更厉害。严重的肌肉拉伤在肌纤维断裂时,受伤者自己往往感到或听到断裂声,随即局部肿胀、皮下出血、肢体活动障碍,在断裂处摸到凹陷或两端异常膨大。

肌肉抗阻力试验是检查肌肉拉伤的一种简便方法。具体的做法就是让患者作受伤肌肉的主动收缩活动,检查者对该活动施加一定阻力,在对抗过程中出现疼痛的部位,即为拉伤肌肉的损伤处。

肌肉拉伤的治疗,要根据具体情况而定。少量肌纤维断裂者,应立即给予冷敷,局部加压包扎,并抬高患肢,外敷中草药。肌肉大部或完全断裂者,在加压包扎后应立即送医院进行手术缝合。

肌肉拉伤的预防,主要是针对发生原因进行。如剧烈运动前做好准备活动,尤其是易拉伤部位的准备活动;体质较弱、训练水平不高的,运动时要量力而行,防止过度疲劳和负荷太重;要提高运动技术及动作的协调性,不要用力过猛;改善训练条件,注意运动场所的温度;冬季在野外运动时要注意保暖,不可穿得太薄;要注意观察肌肉的反应,如肌肉的硬度、韧性、弹力、疲劳程度;肌肉拉伤后重新参加训练时要循序渐进,勿操之过急,并要加强局部保护,防止再度拉伤。

111 运动过程中运动性昏厥应该怎样处理?

在运动中或运动后由于脑部一时供血不足或血液中化学物质的变化引起突发性、短暂性意识丧失(LOC)、肌张力消失并伴有跌倒的现象,称为运动性晕厥。

晕厥者应该采取仰卧、下肢抬高位的方法,这样可以增加脑部的血流量,仰卧的同时要松解衣领及裤带,将头转向一侧。必要时应给予吸氧,并指压或针刺人中、涌泉、合谷等穴位或嗅氨水。

因此,在运动时应注意:

(1)坚持科学系统的训练原则,避免过度疲劳、过度紧张等状况。

(2)避免在夏季高温、高湿或无风的条件下进行长时间训练及比赛。

(3)进行长距离运动时要及时补充糖、盐和水分。

(4)疾跑后不要立刻停止,应该继续慢跑一段并作深呼吸。

(5)应定期进行身体检查,尤其在重大比赛和高强度训练前。

(6)对有晕厥史的人应全面查明原因,避免再次晕厥。

除此之外,大家在日常生活中要多加注意,不要久站,站立时需要经常交替活动下肢，以便促进血流回心；下蹲过久之后也不要突然站起，而是应该缓慢地站起；如果是在运动，如快跑之后，千万不要骤然停下，要先慢跑一段，再缓走一段，然后再停下。

第六章　摄影旅游小窍门

112 如何选择合适的镜头?

镜头是照相机的重要部件之一。标准镜头、广角镜头、长焦镜头是镜头的三种焦距类型。

其中适用范围最广的是标准镜头。标准镜头产生的影像基本与人的眼睛相似。

广角镜头的一个基本特点就是镜头的视角大、视野宽阔。从某一个视点观察到的景物的范围要比人的眼睛在同一视点所看到的大得多,不仅可以表现出相当大的清晰范围,而且能够强化画面的透视效果,善于夸张前景和变换景物的远近感,从而有利于增强画面的感染力。广角镜头所呈

现出来的大范围景色会显得很深远，产生出景物被加深的幻觉，可以使本来很小的空间变得开阔起来，尤其在室内摄影棚以及新闻摄影中得到广泛的应用。

长焦镜头很适合拍摄人像照。采用这个焦距能让模特的脸成像逼真，而背景则会模糊甚至消失。

变焦镜头，几乎在所有场景中都可以进行拍摄。不必将大量的时间花在更换镜头上，更是避免了在更换镜头的过程中把很少量的灰尘带进相机内部。变焦镜头轻便且易于携带，在外出度假的时候也可以安心地带着它。无论何时，它都能用于你所能想到的拍摄场景。

113 怎样拍人物才会更好看？

外出游玩时一定少不了拍照留念，怎样拍出来的照片才会好看呢？

(1)人物的拍摄要求神形兼备，贵在传神。因为人物的内心世界常常是从眼睛表现出来的，所以眼神很重要。除了传神，还要注意形、神兼备才有韵味。要尽可能完美地表现出被拍摄对象的突出特征，特别是要优化脸部的特征，才能拍出好看的照片。拍摄人物的时候要找准角度。因为正确的拍摄角度可以修饰脸型，拍摄时如果感觉正面表现太直接，可以拍摄侧面，拍摄角度的少量变化能对拍摄对象的形象产生明显的影响。

(2)拍摄人物,人物在照片的画面中肯定是焦点,如果不把主角置于画面中间的位置,而将其放在画面的一侧,往往使画面既有变化感,又不失视觉上的平衡。要将主体人物放在画幅的右角边缘,在她的视线前方,有很大的预留空间,有种引领观者朝远方望去的感觉,视觉的延伸预示着长久的期待,加上景物的影响,可以流露出丰富的感情。

(3)拍照的时候,从人的姿势上来说,双肩可以一高一低或一前一后,这样的姿势可以创造出身体的线条。还可以让身体的方向背向镜头,然后在摄影师的引导下适当旋转头部,脸部在画面中一定要有所收取,这样不仅身体曲线优美,而且脸部轮廓清晰,含蓄而自然地利用拍摄物体的倾斜感,可以打破画面的僵硬。

(4)在拍照的时候还可以运用近大远小的透视效果去为平淡的照片带来纵深感。

114 在自然风光的摄影中如何更好地运用自然光?

有的人喜欢拍摄人物,相应的就有人喜欢拍摄景物,在景物的拍摄过程中,自然光的选择直接关系到照片质量的好坏,那么应如何在自然风光的拍摄中更好地运用自然光呢?

(1)从早到晚,随着一天时间的推移,光线有着很大的差

异。很多人都喜欢在清晨日出前后和黄昏时分进行拍摄，这个时间不但光线和色彩千变万化，往往还会有各种意想不到的收获。在自然风光的拍摄中如果能够充分利用明暗相称的光线效果，就可以拍摄出很不错的照片。比如：低斜阳的自然光照射在草地、海滩上、水面和山顶上所产生的阴影和投影。这些景象在画面上所出现的冷色的逆光和长长的蓝色阴影，都能拍出非常动人的好作品。

(2)常用的几种光主要有：顺光，顺光拍摄的效果比较清晰，光多影少，色调的深浅差别比较小，这种光线下拍出来的风光照片会显得呆板、没有生气；侧光，侧光层次分明，会使景物有立体感，其中侧逆光和逆光最能表现出景物的质感、层次和深远度。

当然阳光明媚的天气所拍摄出来的效果并不一定是最好的，有时阴、雨、雾、雪等天气，往往成为拍摄的难得之机。

(3)雨天拍摄时，雨水可以产生反光现象，雨中的景物反光会比较强。下雨的时候，由于光的漫射，每一样东西似乎都呈现出了与平时不同的色泽。这种光的漫射十分神奇地把那些在充足的阳光下常常显得过于艳丽的颜色加以调和冲淡，会别有一番情趣。

(4)雾景的特点是景色朦胧，在自然光的照射下，色调会变得异常柔和，层次比较丰富，明光暗光比较自然。

115 拍照时如何选择构图?

构图就是组成一幅画面的结构,把摄影机取景范围内的各种景物,进行一系列的排列与组合,然后形成美妙的形态。

(1)构图是在熟悉对象情况的基础上进行的。也就是要事前了解对象,要经过调查研究和采访,用眼睛进行反反复复的观察,并且要进行思考、想象,构图的时候想象力越丰富越好,但也要保持基本的冷静。

(2)要进行艺术构思。新闻摄影、艺术摄影、电视摄影报道以及个人摄影都要进行构思。要坚决否定构思会使摄影产生陈旧的观点。我们看到的很多摄影不进行构思也显得特别不真实。所以,拍照时,在深入了解情况之后,就需要进行构思,构思也是为了揭示事物的本质意义,是为了深化要拍摄的内容。从摄影艺术的角度来说,构思是把摄影升华为艺术的关键步骤,是在想象的基础上进行创造。

(3)在明确了主题思想、拍摄内容的基础上,构图就差不多完成了。构图的时候要思考的问题包括:选择什么样的景物、选择什么样的人物、什么景物在前、什么人物在前、怎样

进行曝光等。

(4)构图本身就是一种创造性的工作,是一种艺术。摄影当中的艺术表现必须要通过器材,依靠对象,顺应空间等条件来完成。所以,大家在构图的过程中,必须要有再创造的意识和行动。

116 怎样进行夜间拍摄?

夜幕降临的时候,无论是明月当空、满天星斗,或者是阴云密布、一团漆黑,甚至是倾盆大雨、电闪雷鸣,对于摄影者来说,都有可能成为好的素材。

晚上,从室内到室外可以用来拍摄的素材很多,甚至不少景色只有在天黑之后才能拍到。对于人物的特写来说,并没有什么白天或者黑夜的明确的界限,而是需要依靠摄影来表现相应的环境的特征,烘托渲染夜晚的气氛。就光技巧或者影调处理而言,通常的做法是使画面的背景或天空发暗甚至发黑,使人能够产生黑夜的某种视觉效果。夜间拍摄的有利因素主要有:

(1)夜间的自然光包括月光、星光、雷电闪光、极光、萤火虫的光等，人工光除了用于摄影的白炽灯光和电子闪光灯以外，更有白天所没有或者不显示的路灯、室内灯光、煤油灯光、节日礼花光、花炮光、火光、烛光、手电光等。

(2)黑暗之中的物体形状看不见也拍不出来，当要拍摄的对象接收到一定的照明度之后，周围和背景的杂物被隐没在黑暗中，这样就会有利于突出表现主体，净化背景，使画面具有简练的美感和深沉的意蕴。

(3)夜间照明度低，空间背景无光亮，便于慢速曝光、高速闪电、多次曝光等曝光和用光技巧的发挥，形成特殊的效果或强烈气氛。

117　拍照时如何控制与景物的距离？

因为拍照距离远近的不同，镜头所包括的景物的范围就不相同，画面的结构也不一样。

(1)远景。拍摄的景物比较远，而且适应的是范围较为广阔的场面。远景通常是画面的空间大、景物的层次多，有的时候主体的形象矮小，陪衬的景物特别多。远景拍摄常常会有“一览众山小”的气势。远景拍摄主要适用于描写大自然的宏伟气势，因此拍自然风光的时候常常用到。

(2)全景。跟远景不同，全景有明显的作为内容中心的主体。全景可以表现出被拍摄对象的全貌及其确定事物或

任务的空间关系。全景画面构图时，主要考虑环境与主体之间的关系，注意主体富有特征的轮廓线条，从而达到内容上的丰富和结构上的完美。

(3)中景。中景也是要清楚地表现出被拍摄对象和事件的情节性和动作性比较强的部分。中景善于表现人与人、人与物、物与物之间的感情交流和相对位置关系。

(4)近景。近景表现的是被拍摄对象更主要的部分、人物的神情甚至是物体细腻的质感。近景的画面通过抓住人物脸部的神情、手的动作和物体的形态、质感等特征，来展示人物心理活动的面部表情和物体的纹理质地。

(5)特写。特写的主要特点就是只能表现拍摄对象的某一部位，比如说，一件物品或者一个人的局部，至于环境就很难表现了。

118 如何根据季节的变化改变拍摄的方法？

季节不同，拍摄的景物就不同，景物不同，拍摄的效果就不同，怎样根据季节的变化选择合适的拍摄方法呢？

春天是草长莺飞，万物复苏的季节。这个时候的大自然中有着无限的生机与美丽等待我们去体会、去发现。对于春季的拍摄，一个好的天气是关键。因为明媚的阳光会给画面带来明快的视觉感受，让人赏心悦目。在拍摄时，数码相机调到风景模式的功能会更好，会使色彩更加饱满。如果拍摄类似野花这种景物时可以增加前景的使用，这样可以更好地表现出春季生机勃发的气息。

夏季阳光充足，光照也足够强烈，拍摄风景照片时，最重要的是光位的选择以及光线的处理。比如对拍摄山景来说，选用侧光、侧逆光和逆光比较好。在太阳光照强烈时选择逆光拍摄会比较好。如果拍摄雨后彩虹的话可以将曝光量适当降低，可以提高它的色彩和饱和度。

秋天是一半收获、一半凄凉的季节。但是秋天天高云淡、空气透明度比较高，阳光适中，也有很多很好的摄影素材。比如拍摄秋叶的时候可以选择逆光拍摄，不仅可以将树叶的轮廓清晰地勾画出来，还可以使秋天的红叶呈现出半透明的质感。

冬季是个清冷寂寞的季节，但是雪景等景象，会特别吸引人。拍雪景的时候要注意曝光，因为雪对光线的反射作用比较强，这种情况下经常存在曝光不足的问题。

119　旅行摄影时要注意的问题有哪些?

旅行的过程中有着各种突发事件，所以有的时候要尽量想到各种可能出现的问题，防患于未然。

(1)要轻装上阵。根据出行时间的长短带够充足的生活

必需品，如果行程较短，可以购买专门为旅行设计的小包装的产品。在旅行地点可以买到的便宜的物品尽量少带、不带。

（2）安全很重要。在拍摄照片的时候，不要只顾眼前的景色，一定要看清脚下，尽量不要去悬崖边或者是临近水的地方。如果是一个人出行，更要注意不要单独去人迹罕见的地方，以防发生意外。还要注意相机的安全，如果保管不当，导致丢失或者损坏都会直接影响旅游的心情。拍摄的时候要正确把持相机，将相机吊带套在手上或者脖子上，尤其是在水边、高山等景区，以免由于不小心失手将相机跌落损坏。

（3）要注意旅行中的环保。在旅行中，不要随意丢弃生活垃圾，如塑料袋、矿泉水瓶等，这些行为不仅不文明，还给旅游景点的环境造成了污染，相信谁也不愿意看到山清水秀之间到处散落着垃圾的景象。值得一提的是，在拍摄过程中会有剩下的电池，一定不要随手丢弃，可以放在单独的废旧电池回收站或者装在自己的包里带回家后进行处理。

120 旅行中拍照的时候有哪些常见的错误?

在旅行的拍照过程中,我们总是选择各种角度、各种背景,总想拍出自己满意的照片,但其实我们不知道,有一些常见的错误导致我们在旅行中拍不出好看的照片来。

(1)不良的衔接。这种情况的产生常常是由于背景选择的不恰当,或者是被拍摄主体所在的位置安排不当造成的。比如,人物的头上长出大树等这种不良的衔接,很容易破坏人物的形象和画面的整体美感,使人看了之后啼笑皆非。

(2)头撞南墙。在拍摄侧面的人物时,将大部分的空间留在人物身后,而使人物的前方没有喘息的空间,就会形成照片中的人物头撞南墙的结果,整个画面让人感觉沉闷、压抑。这种情况下,要在人物视线的前方留出一定的空间,让人物有喘息的余地,也可以使画面的效果更加放松自然,留有想象的余地。

(3)地平线倾斜。这种错误常常是拍摄者为了将一些高大的景物拍摄下来,在取景的时候采取将相机倾斜一定角度的方法,其实这样做是得不偿失的。这样构图会造成地平线的倾斜,让整个画面失去平衡感,给人视觉上不舒服的感觉。因此,在拍摄的时候,要将相机水平托拿平稳,情况就会得到改善,也可以通过后期的剪裁来校正这种不平衡的效果。

121 在旅行拍摄中如何进行抓拍和自拍?

很多时候,摆拍的效果会显得生硬不自然,如果在自然放松的状态下拍照留念会达到更好的效果。这就需要借助抓拍了。

抓拍需要拍摄者提前做好准备,随时注意拍摄对象,一旦有适当的机会,可以马上按下快门抓拍下精彩的瞬间。可以选择在一组照片拍完之后,拍摄对象处于放松的状态下,这样更容易抓住一些可爱的神态和动作。

抓拍到的照片效果是任何摆拍方法都无法获得的,抓拍抓住的是精彩的瞬间,可以给人留下美好的回忆。

当然,在旅行的过程中不能错过与大自然留下美好的回忆,所以自拍的时候可以借助数码相机的自拍功能。

自拍的时候首先要在取景框内取景构图,安排好自己的位置,设置好相机之后跑过去摆好姿势,等待拍摄。还有一种就是团队集体出游的时候,拍摄合影一个都不能少,这时同样可以选择自拍功能进行拍摄。最好是选择三脚架帮助稳定相机,如果没有三脚架则需要借助表面平坦、质地坚硬的物体做支撑,以保证照片拍摄的清晰度。

122 怎样选择徒步旅行路线？

徒步旅行虽然越来越受到欢迎，但不是所有的人都适合徒步旅行，也不是所有的人都能做到徒步旅行。

（1）户外徒步者需达到的基本要求有：①健康的体魄和良好的体能储备是徒步的前提。根据穿越区域的不同，徒步旅行可以分为城郊、乡村、丛林、山地、江河等多种类型。因为一路基本靠走，并可能穿越复杂的地形，缺乏基本体能条件的人不适合徒步。任何人都无法一步登天，第一次徒步的人一般只能负担短距离的平坦地形。记住循序渐进，不要参加超出自己身体承受范围的活动。②没有团队精神，喜欢单干的人不适合户外徒步。短途徒步固然可以一个人单干，但需要穿越复杂地形地貌的长途徒步中，团队的合作就很关键。明确分工、齐心协力是挑战高难度徒步成功的必要条件。③徒步旅行需具备一定的野外求生知识。旅行在外，意外难以避免。对大自然种种突发状况如暴雨、雷电、山洪等，要能有所预见并有应对之法；而能够正确处理扭伤、脚上起泡、中暑、缺水、出血等野外徒步易出现的问题，也十分必要。

（2）物资的准备。确定要徒步时，需要搜集资料制定路线，以及准备充足的物资。在制定路线时，第一要考虑线路设置和每天的行程规划是否合理、安全，是否在徒步者的体

能负担和能力范围内。第二就是了解当地的天气和地形状况，务必做好应急预案。如果参加徒步的是一个团队，了解领队能力和团队构成就十分重要了。要有装备、饮水、食物、药品和户外用具。

（3）在进行徒步的过程中，要注意保持节奏，注意休息。第一次参加徒步时，在徒步最开始的5～10分钟可以留作预热时间，这个时候要放缓脚步。之后的行程中，可逐渐调整步伐，控制节奏，匀速缓行。徒步中，要集中精力行走，尤其是长途行走时，打闹嬉戏只会消耗体能。徒步中要注意通过摆臂来平衡身体，稳定重心，小步伐前进。脚掌用力要均匀，不要踮脚行走，要全脚触地稳稳踏步。行走中的休息要根据长短结合、短多长少的原则。

123 夏季旅游的好去处有哪些？

夏天旅游的季节，到处都是人山人海，这里为大家推荐几个值得夏天去的好去处。

（1）贵州的贵阳。古语说："山北为阴，山南为阳"，贵阳因城区位于境内贵山之南而得名。作为喀斯特地貌的典型地区，贵阳拥有以"山奇、水秀、石美、洞异"为特点的喀斯特自然景观和人文旅游资源。

（2）云南的昆明。气候温和，夏无酷暑，冬不严寒，四季如春，气候宜人，是极负盛名的“春城”。昆明有石林世界地质公园、滇池、世界园艺博览园、安宁温泉、九乡、阳宗海、轿子雪山、云南民族村等著名景区。美丽的自然风光、灿烂的历史古迹、绚丽的民族风情，使昆明跻身为全国十大旅游热点城市，首批进入中国优秀旅游城市行列。

(3)河北的承德。承德位于冀北山区，西顾张家口，东接辽宁，北倚内蒙，南邻秦皇岛、唐山，素有“紫塞明珠”之称。地处内蒙古高原与华北平原的过渡带，属温带大陆性季风型山地气候，四季分明，夏季凉爽，雨量集中，基本无炎热期。

(4)山东的青岛。美丽的海滨城市青岛，是2008年北京奥运会的合作城市，是中国重要的经济中心和沿海开放城市，是国家级历史文化名城和风景旅游、度假胜地。青岛市山海风光秀丽，环境气候宜人，素有避暑胜地之称。旅游资源丰富，市区海滨岸线蜿蜒曲折，分布有众多的优质沙滩，是进行海水泳浴的良好场所。市区西部以红瓦绿树、碧海蓝天的优美城市风貌为特色，东部以现代化的都市风貌与和谐的环境建设为特色，构成青岛海滨一幅美丽的画卷。崂山风景名胜区是海上名山和道教圣地，是来青游客的必游之地。

124　冬季旅游的好去处有哪些？

冬天，虽然天气寒冷，但是仍阻挡不了旅游爱好者的脚

步。

(1)冬天是赏雪的好季节。站在长城上赏雪,可饱览“山舞银蛇,原驰蜡象”的胜景,令人心胸开阔;黄山、庐山的雪景,也别有诗意;杭州的“断桥残雪”或“踏雪探梅”也会让人回味无穷。

(2)看冰雕。这当然要首推冰城哈尔滨了。在观看冰雕的同时还可以乘冰帆、打冰球、溜冰、骑冰上摩托或者参加冬泳比赛,更可享受野外打猎、冰窟垂钓等。

(3)冬天最适宜观赏的花要属梅花了。杭州的孤山放鹤亭、灵峰,余杭的超山,苏州郊外的邓尉山,无锡市西南浒山麓梅园,南京市中心的梅花山,上海市郊青浦大观园和武汉磨山梅园等,都是著名的赏梅胜地。

(4)冬天去进行一下温泉浴也是再好不过的了。不仅可消除疲劳,还可以治疗皮肤病、关节炎等多种疾病,较著名的温泉有安徽黄山温泉、云南安宁温泉、广东从化温泉、江西庐山温泉、重庆北温泉和南温泉、贵州息峰温泉等。

如果有的人怕冷,想去暖和的地方,那么就可以选择南方的一些省份,如海南、广东等地。

125 旅游中的行李应该怎样选择?

旅游的时候,行李的打包很重要。因为有些东西如果忘记携带便去了外地,一是购买不方便,二是要增加旅游的成本,所以在出门旅游的时候,要学会选择旅游用具,避免在旅途中增添不必要的麻烦。外出旅游在选购旅游食品时应注意以下几点:

(1)在旅行食品的选购上要注意选购有营养的。因为旅行者的热能消耗大,相当于一个轻体力劳动者的热能消耗。因此,旅游时应选用高营养价值的食品。

(2)要选购多汁的食品。汽水和富含维生素的软饮料等,可以减轻旅途的劳累。

(3)要选购柔软的食品。旅游中人们容易口干身乏、食欲不振,而柔软食品既适合旅游者的口味,又易于消化。

(4)要选购有风味的食品。风味各异的食品,可促进旅游者的食欲。因此,旅游者可根据自己的喜爱选择各种不同风味的食品,但切忌太咸、太辣。

(5)还要注意,外出旅游的卫生条件一般,不如在家方便,天热时应准备些蒜、醋类具有杀菌作用的食品,以防肠道疾病的发生。

打点行装的原则是将行李减至最少限度,尽量整理打包成小型,留下空间装旅途中购买的纪念品及礼物。整理行李的三个小窍门:

①不常用的、较大较重的物品先装,以利搬运。

②瓶装化妆品等易碎物品,用T恤或毛巾包裹。

③在行李空隙处塞入卷筒状的毛巾。

图书在版编目(CIP)数据

生活休闲/《生活休闲》编委会编. —北京:中国书籍出版社,2015.6
ISBN 978 - 7 - 5068 - 4985 - 2

Ⅰ. ①生… Ⅱ. ①生… Ⅲ. ①家庭生活—休闲娱乐—基本知识 Ⅳ. ①TS976.3

中国版本图书馆 CIP 数据核字(2015)第 138346 号

生活休闲

本书编委会 编

责任编辑 高 雪
责任印制 孙马飞 马 芝
封面设计 管佩霖
出版发行 中国书籍出版社
地　　址 北京市丰台区三路居路 97 号(邮编:100073)
电　　话 (010)52257143(总编室) (010)52257153(发行部)
电子邮箱 chinabp@ vip. sina. com
经　　销 全国新华书店
印　　刷 青岛新华印刷有限公司
开　　本 787 毫米×1092 毫米 1/32
字　　数 110 千字
印　　张 5.75
版　　次 2016 年 1 月第 1 版 2016 年 1 月第 1 次印刷
书　　号 ISBN 978 - 7 - 5068 - 4985 - 2
定　　价 18.00 元